高等院校大学数学系列教材

线性代数与概率统计练习册

（第2版）

天津农学院数学教研室 主编

U0431315

清华大学出版社
北 京

内 容 简 介

本书是清华大学出版社“十三五”规划教材，是为普通高等院校非数学专业少学时的“线性代数”和“概率统计”课程编写的配套辅导用书，书中涉及线性代数和概率统计的基本内容，题目类型为填空题、选择题、判断题、计算题及证明题.

线性代数部分包括行列式、矩阵、线性方程组与向量、相似矩阵等内容. 概率统计部分包括随机事件及其概率、一维随机变量、二维随机变量及其函数的分布、随机变量的数字特征、数理统计的基本知识等内容.

本书在编写过程中力求由浅入深、 通俗易懂，努力体现教学的适用性.

图书在版编目(CIP)数据

线性代数与概率统计练习册/天津农学院数学教研室主编.—2版.—北京：清华大学出版社，2020.5（2025.3重印）
高等院校大学数学系列教材
ISBN 978-7-302-55148-5

Ⅰ.①线… Ⅱ.①天… Ⅲ.①线性代数–高等学校–习题集 ②概率论–高等学校–习题集 ③数理统计–高等学校–习题集 Ⅳ.①O151.2-44 ②O21-44

中国版本图书馆CIP数据核字(2020)第061875号

责任编辑：佟丽霞
封面设计：傅瑞学
责任校对：王淑云
责任印制：沈 露

出版发行：清华大学出版社
网 址：https://www.tup.com.cn, https://www.wqxuetang.com
地 址：北京清华大学学研大厦A座 邮 编：100084
社 总 机：010-83470000 邮 购：010-62786544
投稿与读者服务：010-62776969，c-service@tup.tsinghua.edu.cn
质量反馈：010-62772015，zhiliang@tup.tsinghua.edu.cn
印 装 者：涿州市般润文化传播有限公司
经 销：全国新华书店
开 本：185mm×260mm **印 张**：4.5 **字 数**：101千字
版 次：2017年2月第1版 2020年5月第2版 **印 次**：2025年3月第7次印刷
定 价：16.00元

产品编号：086514-01

第 2 版前言

本书是在 2017 年出版的第 1 版的基础上修订的，自第 1 版出版以来，我们经过两年多的教学实践，吸收了使用本书的师生们的意见，修改了第 1 版中存在的不妥之处，并致力于教材质量的提高.

本次修订在每一章中增加了判断题的题型，第 1 章的内容做了较大幅度的调整和改变；第 3、4、6、9 章的内容也做了相应的调整，其余章节对少量习题也做了修改、增删、重排；每章中均对有一定难度的题目加以*号标记. 所有这些修订都是为了使本书更加完善，更好地满足教学需要.

此次修订工作仍由天津农学院的教师完成，他们是：王学会 (第 1 章)、张文辉 (第 2 章)、房宏 (第 3 章)、崔军文 (第 4 章)、张海燕 (第 5 章)、穆志民 (第 6 章)、张振荣 (第 7 章)、金惠兰 (第 8 章)，徐利艳 (第 9 章)，张海燕完成了全书的统稿工作.

天津农学院基础科学学院及教务处教材科的领导及老师在本教材的出版过程中给予了周到的服务和大力协助，在此一并致谢！

教材中难免有不妥之处，敬请读者不吝指正.

编　者

2019 年 9 月于天津

第 1 版前言

本教材是为普通高等院校非数学专业少学时的“线性代数”“概率论与数理统计”课程编写的配套辅导用书. 由于目前绝大部分高等院校非数学类专业的线性代数及概率统计课程学时数相对较少，导致学生缺乏大量的练习. 我们根据线性代数和概率统计的基本内容，配套相关教材中涉及的知识点，采用了填空题、选择题、计算题及证明题等题型编写了本书，用于提高学生的解题能力，通过做题有助于学生理解基本的概念和原理，并进一步提高学生融会贯通地分析问题和解决问题的能力.

参加本教材编写工作的人员均是天津农学院数学教研室的教师：王学会 (第 1 章)、张文辉 (第 2 章)、房宏 (第 3 章)、崔军文 (第 4 章)、张海燕 (第 5 章)、穆志民 (第 6 章)、张振荣 (第 7 章)、金惠兰 (第 8 章)，徐利艳 (第 9 章)，张海燕完成了全书的统稿工作.

天津农学院基础科学学院及教材科的领导及老师在本教材的出版过程中给予了周到的服务和大力协助，在此一并致谢！

教材中难免存在不妥之处，敬请读者不吝指正.

编　者

2016 年 8 月于天津

目　　录

第 1 章　行列式及其应用

一、填空题

1. 行列式$\begin{vmatrix} k-1 & 2 \\ 2 & k-1 \end{vmatrix} \neq 0$的充分必要条件是____________.

2. 排列 36715284 的逆序数是________________.

3. 已知排列$1r46s97t3$为奇排列，则$r=$________，$s=$__________，$t=$________.

4. 在六阶行列式$|a_{ij}|$中，$a_{23}a_{14}a_{46}a_{51}a_{35}a_{62}$应取的符号为__________.

5. 若$a_{1i}a_{23}a_{35}a_{4j}a_{54}$为五阶行列式带正号的一项，则$i=$_____，$j=$______.

6. 设行列式$D=\begin{vmatrix} 3 & 1 & 5 \\ 0 & 2 & -6 \\ 5 & -7 & 2 \end{vmatrix}$，则第三行各元素的余子式之和的值为_________.

7. 行列式$\begin{vmatrix} 34215 & 36215 \\ 28092 & 30092 \end{vmatrix}=$_______.

8. 行列式$\begin{vmatrix} 1 & 1 & 1 & 0 \\ 1 & 1 & 0 & 1 \\ 1 & 0 & 1 & 1 \\ 0 & 1 & 1 & 1 \end{vmatrix}=$_________.

9. 多项式$f(x)=\begin{vmatrix} 1 & a_1 & a_2 & a_3 \\ 1 & a_1+x & a_2 & a_3 \\ 1 & a_1 & a_2+x+1 & a_3 \\ 1 & a_1 & a_2 & a_3+x+2 \end{vmatrix}=0$的所有根是___________.

10. 若方程$\begin{vmatrix} 1 & 2 & 3 & 4 \\ 1 & 3-x^2 & 3 & 4 \\ 3 & 4 & 1 & 2 \\ 3 & 4 & 1 & 5-x^2 \end{vmatrix}=0$，则______________.

11. 行列式$D=\begin{vmatrix} 2 & 1 & 0 & 0 \\ 1 & 2 & 1 & 0 \\ 0 & 1 & 2 & 1 \\ 0 & 0 & 1 & 2 \end{vmatrix}=$______________.

12. 行列式$\begin{vmatrix} -3 & 0 & 4 \\ 5 & 0 & 3 \\ 2 & -2 & 1 \end{vmatrix}$中元素 3 的代数余子式是__________.

13. 设行列式$D=\begin{vmatrix} 1 & 5 & 7 & 8 \\ 1 & 1 & 1 & 1 \\ 2 & 0 & 3 & 6 \\ 1 & 2 & 3 & 4 \end{vmatrix}$，设$M_{4j}, A_{4j}(j=1,2,3,4)$分别是元素$a_{4j}$的余子式和代数余子式，则$A_{41}+A_{42}+A_{43}+A_{44}=$__________，$M_{41}+M_{42}+M_{43}+M_{44}=$____________.

14. 已知四阶行列D中第三列元素依次为-1，2，0，1，它们的余子式依次为 5，3，-7，4，则$D=$_________.

15. 若线性方程组$\begin{cases} kx + z = 0, \\ 2x + ky + z = 0, \\ kx - 2y + z = 0 \end{cases}$仅有零解，则$k$_________.

二、选择题

1. 若行列式$\begin{vmatrix} 1 & 2 & 5 \\ 1 & 3 & -2 \\ 2 & 5 & x \end{vmatrix}=0$，则$x=$(　　).

(A) 2　　(B) -2　　(C) 3　　(D) -3

2. 线性方程组$\begin{cases} x_1 + 2x_2 = 3, \\ 3x_1 + 7x_2 = 4, \end{cases}$则此方程组的解$(x_1,x_2)=$(　　).

(A) (13,5)　　(B) $(-13,5)$　　(C) $(13,-5)$　　(D) $(-13,-5)$

3. 方程$\begin{vmatrix} 1 & x & x^2 \\ 1 & 2 & 4 \\ 1 & 3 & 9 \end{vmatrix}=0$根的个数是(　　).

(A) 0　　(B) 1　　(C) 2　　(D) 3

4. 下列构成六阶行列式展开式的各项中，取“+”的有(　　).

(A) $a_{15}a_{23}a_{32}a_{44}a_{51}a_{66}$　　(B) $a_{11}a_{26}a_{32}a_{44}a_{53}a_{65}$

(C) $a_{21}a_{53}a_{16}a_{42}a_{65}a_{34}$　　(D) $a_{51}a_{32}a_{13}a_{44}a_{65}a_{26}$

5. 若$(-1)^{\tau(1k4l5)}a_{11}a_{k2}a_{43}a_{l4}a_{55}$是五阶行列式$|a_{ij}|$的一项，则$k,l$的值及该项的符号为(　　).

(A) $k=2,l=3$,符号为正　　(B) $k=2,l=3$,符号为负

(C) $k=3,l=2$,符号为正　　(D) $k=3,l=2$,符号为负

6. 下列 n ($n>2$) 阶行列式的值必为零的是 (　　).

(A) 行列式主对角线上的元素全为零

(B) 三角行列式主对角线上有一个元素为零

(C) 行列式零元素的个数多于 n

(D) 行列式非零元素的个数小于或等于 n

7. 如果 $D=\begin{vmatrix} a_{11} & a_{12} & a_{13} \\ a_{21} & a_{22} & a_{23} \\ a_{31} & a_{32} & a_{33} \end{vmatrix}=1$，$D_1=\begin{vmatrix} 4a_{11} & 2a_{11}-3a_{12} & 2a_{13} \\ 4a_{21} & 2a_{21}-3a_{22} & 2a_{23} \\ 4a_{31} & 2a_{31}-3a_{32} & 2a_{33} \end{vmatrix}$，则 $D_1=$ (　　).

(A) 8　　(B) -12　　(C) -24　　(D) 24

8. 如果 $D=\begin{vmatrix} a_{11} & a_{12} & a_{13} \\ a_{21} & a_{22} & a_{23} \\ a_{31} & a_{32} & a_{33} \end{vmatrix}=3$，$D_1=\begin{vmatrix} a_{11} & 2a_{31}-5a_{21} & 3a_{21} \\ a_{12} & 2a_{32}-5a_{22} & 3a_{22} \\ a_{13} & 2a_{33}-5a_{23} & 3a_{23} \end{vmatrix}$，则 $D_1=$ (　　).

(A) 18　　(B) -18　　(C) -9　　(D) -27

9. $\begin{vmatrix} a^2 & (a+1)^2 & (a+2)^2 & (a+3)^2 \\ b^2 & (b+1)^2 & (b+2)^2 & (b+3)^2 \\ c^2 & (c+1)^2 & (c+2)^2 & (c+3)^2 \\ d^2 & (d+1)^2 & (d+2)^2 & (d+3)^2 \end{vmatrix}=$ (　　).

(A) 8　　(B) 2　　(C) 0　　(D) -6

10. 若 $D=\begin{vmatrix} -1 & 0 & x & 1 \\ 1 & 1 & -1 & -1 \\ 1 & -1 & 1 & -1 \\ 1 & -1 & -1 & 1 \end{vmatrix}$，则 D 中 x 的一次项系数是 (　　).

(A) 1　　(B) -1　　(C) 4　　(D) -4

11. 四阶行列式 $\begin{vmatrix} a_1 & 0 & 0 & b_1 \\ 0 & a_2 & b_2 & 0 \\ 0 & b_3 & a_3 & 0 \\ b_4 & 0 & 0 & a_4 \end{vmatrix}$ 的值等于 (　　).

(A) $a_1a_2a_3a_4-b_1b_2b_3b_4$　　(B) $(a_1a_2-b_1b_2)(a_3a_4-b_3b_4)$

(C) $a_1a_2a_3a_4+b_1b_2b_3b_4$　　(D) $(a_2a_3-b_2b_3)(a_1a_4-b_1b_4)$

12. 如果$\begin{vmatrix} a_{11} & a_{12} \\ a_{21} & a_{22} \end{vmatrix}=1$，线性方程组$\begin{cases} a_{11}x_1 - a_{12}x_2 + b_1 = 0, \\ a_{21}x_1 - a_{22}x_2 + b_2 = 0 \end{cases}$的解是(　　).

(A) $x_1 = \begin{vmatrix} b_1 & a_{12} \\ b_2 & a_{22} \end{vmatrix}$, $x_2 = \begin{vmatrix} a_{11} & b_1 \\ a_{21} & b_2 \end{vmatrix}$　　(B) $x_1 = -\begin{vmatrix} b_1 & a_{12} \\ b_2 & a_{22} \end{vmatrix}$, $x_2 = \begin{vmatrix} a_{11} & b_1 \\ a_{21} & b_2 \end{vmatrix}$

(C) $x_1 = \begin{vmatrix} -b_1 & -a_{12} \\ -b_2 & -a_{22} \end{vmatrix}$, $x_2 = \begin{vmatrix} -a_{11} & -b_1 \\ -a_{21} & -b_2 \end{vmatrix}$　　(D) $x_1 = \begin{vmatrix} -b_1 & -a_{12} \\ -b_2 & -a_{22} \end{vmatrix}$, $x_2 = -\begin{vmatrix} -a_{11} & -b_1 \\ -a_{21} & -b_2 \end{vmatrix}$

13. 方程$\begin{vmatrix} 1 & 1 & 1 & 1 \\ 1 & -2 & 2 & x \\ 1 & 4 & 4 & x^2 \\ 1 & -8 & 8 & x^3 \end{vmatrix}=0$的根为(　　).

(A) 1,2,3　　(B) 1,2,−2　　(C) 0,1,2　　(D) 1,−1,2

14. 已知$\begin{vmatrix} a_{11} & a_{12} & a_{13} \\ a_{21} & a_{22} & a_{23} \\ a_{31} & a_{32} & a_{33} \end{vmatrix}=a$，那么$\begin{vmatrix} 2a_{11} & a_{13} & a_{11}+a_{12} \\ 2a_{21} & a_{23} & a_{21}+a_{22} \\ 2a_{31} & a_{33} & a_{31}+a_{32} \end{vmatrix}=$(　　).

(A) a　　(B) $-a$　　(C) $2a$　　(D) $-2a$

15. 已知齐次线性方程组$\begin{cases} \lambda x + y + z = 0, \\ \lambda x + 3y - z = 0, \\ -y + \lambda z = 0 \end{cases}$仅有零解，则(　　).

(A) $\lambda \neq 0$ 且 $\lambda \neq 1$　　(B) $\lambda = 0$ 或 $\lambda = 1$

(C) $\lambda = 0$　　(D) $\lambda = 1$

三、判断题

1. n阶行列式D中有多于n^2-n个元素为零，则$D=0$.　(　　)

2. 若$D=0$，则互换D的任意两行或两列，D的值仍为零.　(　　)

3. 若n（$n>2$）阶行列式$D=0$，则D有两行或两列元素相同.　(　　)

4. 设$D=|a_{ij}|_{3\times 3}$，A_{ij}为a_{ij}的代数余子式，则$a_{11}A_{21}+a_{12}A_{22}+a_{13}A_{23}=0$.　(　　)

5. n阶行列式主对角线上元素乘积项带正号，副对角线上元素乘积项带负号.　(　　)

四、计算题

1. $\begin{vmatrix} x & y & x+y \\ y & x+y & x \\ x+y & x & y \end{vmatrix}$.

2. $\begin{vmatrix} 0 & 0 & 1 & 0 \\ 0 & 1 & 0 & 0 \\ 0 & 0 & 0 & 1 \\ 1 & 0 & 0 & 0 \end{vmatrix}$.

3. $\begin{vmatrix} 1 & 2 & 3 & 4 \\ 2 & 3 & 4 & 1 \\ 3 & 4 & 1 & 2 \\ 4 & 1 & 2 & 3 \end{vmatrix}$; $\begin{vmatrix} 2 & 1 & 4 & 1 \\ 3 & -1 & 2 & 1 \\ 1 & 2 & 3 & 2 \\ 5 & 0 & 6 & 2 \end{vmatrix}$; $\begin{vmatrix} 2 & -1 & 1 & 6 \\ 4 & -1 & 5 & 0 \\ -1 & 2 & 0 & -5 \\ 1 & 4 & -2 & -2 \end{vmatrix}$; $\begin{vmatrix} 1 & -3 & 2 & 2 \\ -3 & 4 & 0 & 9 \\ 2 & -2 & 6 & 2 \\ 3 & -3 & 8 & 3 \end{vmatrix}$.

4. $\begin{vmatrix} 1 & -1 & 1 & x-1 \\ 1 & -1 & x+1 & -1 \\ 1 & x-1 & 1 & -1 \\ x+1 & -1 & 1 & -1 \end{vmatrix}$；　　$\begin{vmatrix} 1 & a & 0 & 0 \\ -1 & 1-a & b & 0 \\ 0 & -1 & 1-b & c \\ 0 & 0 & -1 & 1-c \end{vmatrix}$.

5. $\begin{vmatrix} 0 & 1 & 0 & \cdots & 0 \\ 0 & 0 & 2 & \cdots & 0 \\ \vdots & \vdots & \vdots & & \vdots \\ 0 & 0 & 0 & \cdots & n-1 \\ n & 0 & 0 & \cdots & 0 \end{vmatrix}$；　　$\begin{vmatrix} 1 & 2 & 2 & \cdots & 2 \\ 2 & 2 & 2 & \cdots & 2 \\ 2 & 2 & 3 & \cdots & 2 \\ \vdots & \vdots & \vdots & & \vdots \\ 2 & 2 & 2 & \cdots & n \end{vmatrix}$.

6. $\begin{vmatrix} 1+a_1 & 1 & \cdots & 1 \\ 1 & 1+a_2 & \cdots & 1 \\ \vdots & \vdots & & \vdots \\ 1 & 1 & \cdots & 1+a_n \end{vmatrix}$；　　$\begin{vmatrix} a_1+b & a_2 & a_3 & \cdots & a_n \\ a_1 & a_2+b & a_3 & \cdots & a_n \\ \vdots & \vdots & \vdots & & \vdots \\ a_1 & a_2 & a_3 & \cdots & a_n+b \end{vmatrix}$.

7. 已知 $D=\begin{vmatrix} 1 & 0 & 1 & 2 \\ -1 & 1 & 0 & 3 \\ 1 & 1 & 1 & 0 \\ -1 & 2 & 5 & 4 \end{vmatrix}$，计算 $A_{41}+A_{42}+A_{43}+A_{44}$.

五、证明题

1. 证明当$\lambda=1$时，行列式$\begin{vmatrix} \frac{1}{4}-\lambda & \frac{1}{4} & \frac{1}{4} & \frac{1}{4} \\ \frac{1}{5} & \frac{2}{5}-\lambda & \frac{1}{5} & \frac{1}{5} \\ \frac{1}{6} & \frac{1}{6} & \frac{3}{6}-\lambda & \frac{1}{6} \\ \frac{1}{7} & \frac{1}{7} & \frac{1}{7} & \frac{4}{7}-\lambda \end{vmatrix}=0$.

*2. 设$f(x)=\begin{vmatrix} 1 & x-1 & 2x-1 \\ 1 & x-2 & 3x-2 \\ 1 & x-3 & 4x-3 \end{vmatrix}$，证明：存在$\xi\in(0,1)$, 使得$f'(\xi)=0$.

*3. 设a,b,c是互异的实数，证明$\begin{vmatrix} 1 & 1 & 1 \\ a & b & c \\ a^3 & b^3 & c^3 \end{vmatrix}=0$的充分必要条件是$a+b+c=0$.

第 2 章 矩 阵

一、填空题

1. $\begin{pmatrix} 2 & 1 \\ 0 & -1 \\ 3 & 2 \end{pmatrix}\begin{pmatrix} 2 & 0 \\ -1 & -2 \end{pmatrix}=$_________.

2. 设 $\boldsymbol{A}=\begin{pmatrix} 2 & -3 & -1 & 2 \end{pmatrix}$，则 $\boldsymbol{A}\boldsymbol{A}^{\mathrm{T}}=$_________.

3. 设 $\boldsymbol{A}=\begin{pmatrix} a & b \\ c & d \end{pmatrix}$，则 $\boldsymbol{A}$ 的伴随矩阵 $\boldsymbol{A}^*=$_________.

4. 设 $\boldsymbol{A}$ 为三阶方阵，且 $|\boldsymbol{A}|=2$, 则 $|\boldsymbol{A}^*|=$_________.

5. 设 $\boldsymbol{A}$ 为三阶方阵，且 $|\boldsymbol{A}|=2$，则 $\big|-|\boldsymbol{A}|\boldsymbol{A}\big|=$_________.

6. 设三阶方阵 $\boldsymbol{A}$ 满足 $2|\boldsymbol{A}|=|k\boldsymbol{A}|$，$k>0$，则 $k=$______.

7. 设 $\boldsymbol{A}$ 为 n 阶方阵，且 $|\boldsymbol{A}|=3$, 则 $|\boldsymbol{A}^{-1}|=$__________，$|\boldsymbol{A}^2|=$__________.

8. 已知 $\boldsymbol{A}=\begin{pmatrix} 1 & 2 \\ 2 & 5 \end{pmatrix}$，则 $\boldsymbol{A}^{-1}=$__________.

9. 方阵 $\boldsymbol{A}=\begin{pmatrix} 5 & 0 & 0 & 0 \\ 0 & 3 & 0 & 0 \\ 0 & 0 & 2 & 0 \\ 0 & 0 & 0 & 3 \end{pmatrix}$ 的逆矩阵 $\boldsymbol{A}^{-1}=$_________.

10. 设 $\begin{pmatrix} 2 & 5 \\ 1 & 3 \end{pmatrix}\boldsymbol{X}=\begin{pmatrix} 4 & -6 \\ 2 & 1 \end{pmatrix}$，则 $\boldsymbol{X}=$________.

11. 当 $k=$______时，矩阵 $\boldsymbol{A}=\begin{pmatrix} 1 & 2 & k \\ 4 & 2 & 1 \\ 1 & 1 & 2 \end{pmatrix}$ 不可逆.

12. 设 $\boldsymbol{A}=\begin{pmatrix} 1 & 2 & 3 \\ 2 & 3 & -5 \\ 4 & 7 & 1 \end{pmatrix}$，则 $\mathrm{R}(\boldsymbol{A})=$________.

13. 设矩阵 $\boldsymbol{A}=\begin{pmatrix} 1 & 2 & 3 & 4 \\ 2 & 3 & 4 & 5 \\ 3 & 4 & 5 & x \end{pmatrix}$ 的秩为 3，则 x 的取值范围是_________.

14. 设方阵 $\boldsymbol{A}$ 满足 $\boldsymbol{A}^2-\boldsymbol{A}-2\boldsymbol{E}=\boldsymbol{O}$，则 $\boldsymbol{A}^{-1}=$__________.

15. 设方阵 $\boldsymbol{A}$ 满足方程 $\boldsymbol{A}^2+2\boldsymbol{A}+3\boldsymbol{E}=\boldsymbol{O}$，则 $\boldsymbol{A}^{-1}=$__________.

二、选择题

1. 设矩阵 $\boldsymbol{A}=\begin{pmatrix}1&2&1\\2&-1&2\\3&4&0\end{pmatrix}$，$\boldsymbol{B}=\begin{pmatrix}2&1&2\\3&-1&4\\2&0&5\end{pmatrix}$，$\boldsymbol{C}=(c_{ij})=\boldsymbol{AB}$，则 $c_{23}=$ (　　).

(A) 22　　(B) 10　　(C) 3　　(D) -1

2. 设 $\boldsymbol{A},\boldsymbol{B}$ 为 n $(n\geqslant 2)$ 阶方阵，则必有 (　　).

(A) $|\boldsymbol{A}+\boldsymbol{B}|=|\boldsymbol{A}|+|\boldsymbol{B}|$　　(B) $|\boldsymbol{AB}|=|\boldsymbol{BA}|$

(C) $\big||\boldsymbol{A}|\boldsymbol{B}\big|=\big||\boldsymbol{B}|\boldsymbol{A}\big|$　　(D) $|\boldsymbol{A}-\boldsymbol{B}|=|\boldsymbol{B}-\boldsymbol{A}|$

3. 设 $\boldsymbol{A},\boldsymbol{B},\boldsymbol{C}$ 都是 n 阶方阵，且 $\boldsymbol{ABC}=\boldsymbol{E}$，那么 (　　).

(A) $\boldsymbol{ACB}=\boldsymbol{E}$　　(B) $\boldsymbol{CBA}=\boldsymbol{E}$　　(C) $\boldsymbol{BAC}=\boldsymbol{E}$　　(D) $\boldsymbol{CAB}=\boldsymbol{E}$

4. 设 $\boldsymbol{A},\boldsymbol{B}$ 为 n 阶方阵，则 (　　).

(A) 若 $\boldsymbol{A},\boldsymbol{B}$ 可逆，则 $\boldsymbol{A}+\boldsymbol{B}$ 可逆　　(B) 若 $\boldsymbol{A},\boldsymbol{B}$ 可逆，则 $\boldsymbol{AB}$ 可逆

(C) 若 $\boldsymbol{A}+\boldsymbol{B}$ 可逆，则 $\boldsymbol{A}-\boldsymbol{B}$ 可逆　　(D) 若 $\boldsymbol{A}+\boldsymbol{B}$ 可逆，则 $\boldsymbol{A},\boldsymbol{B}$ 可逆

5. $\boldsymbol{A}$ 为 n 阶可逆矩阵，下列各式中不正确的是 (　　).

(A) $(2\boldsymbol{A})^{-1}=2\boldsymbol{A}^{-1}$　　(B) $|\boldsymbol{A}^{-1}|=\dfrac{1}{|\boldsymbol{A}|}$

(C) $(\boldsymbol{A}^{-1})^{\mathrm{T}}=(\boldsymbol{A}^{\mathrm{T}})^{-1}$　　(D) $(\boldsymbol{A}^{n})^{-1}=(\boldsymbol{A}^{-1})^{n}$

6. 设 $\boldsymbol{A},\boldsymbol{B}$ 为 n 阶方阵，且 $\boldsymbol{AB}=\boldsymbol{O}$，则必有 (　　).

(A) $|\boldsymbol{A}|=0$ 或 $|\boldsymbol{B}|=0$　　(B) 若 $\boldsymbol{A}\neq\boldsymbol{O}$，则 $\boldsymbol{B}=\boldsymbol{O}$

(C) $\boldsymbol{A}=\boldsymbol{O}$ 或 $\boldsymbol{B}=\boldsymbol{O}$　　(D) $|\boldsymbol{A}|+|\boldsymbol{B}|=0$

7. 设 $\boldsymbol{A},\boldsymbol{B}$ 为 n 阶方阵，且 $\mathrm{R}(\boldsymbol{AB})=0$，则必有 (　　).

(A) $\boldsymbol{A}=\boldsymbol{O}$ 或 $\boldsymbol{B}=\boldsymbol{O}$　　(B) $\boldsymbol{A}=\boldsymbol{B}=\boldsymbol{O}$

(C) $|\boldsymbol{A}|=0$ 或 $|\boldsymbol{B}|=0$　　(D) $|\boldsymbol{A}|=0,|\boldsymbol{B}|=0$

8. 设四阶矩阵 $\boldsymbol{A}=(\boldsymbol{\alpha},\boldsymbol{\gamma}_2,\boldsymbol{\gamma}_3,\boldsymbol{\gamma}_4)$，$\boldsymbol{B}=(\boldsymbol{\beta},\boldsymbol{\gamma}_2,\boldsymbol{\gamma}_3,\boldsymbol{\gamma}_4)$，其中 $\boldsymbol{\alpha},\boldsymbol{\beta},\boldsymbol{\gamma}_2,\boldsymbol{\gamma}_3,\boldsymbol{\gamma}_4$ 均为 4 行 1 列矩阵，已知 $|\boldsymbol{A}|=4$，$|\boldsymbol{B}|=1$，则 $|\boldsymbol{A}+\boldsymbol{B}|=$ (　　).

(A) 5　　(B) 4　　(C) 5　　(D) 40

9. 设 $\boldsymbol{A}=\begin{pmatrix} a_{11} & a_{12} & a_{13} \\ a_{21} & a_{22} & a_{23} \\ a_{31} & a_{32} & a_{33} \end{pmatrix}$，$\boldsymbol{B}=\begin{pmatrix} a_{21} & a_{22} & a_{23} \\ a_{11} & a_{12} & a_{13} \\ a_{11}+a_{31} & a_{12}+a_{32} & a_{13}+a_{33} \end{pmatrix}$，$\boldsymbol{P}_1=\begin{pmatrix} 0 & 1 & 0 \\ 1 & 0 & 0 \\ 0 & 0 & 1 \end{pmatrix}$，

$\boldsymbol{P}_2=\begin{pmatrix} 1 & 0 & 0 \\ 0 & 1 & 0 \\ 1 & 0 & 1 \end{pmatrix}$，则 (　　) 成立.

(A) $\boldsymbol{A}\boldsymbol{P}_1\boldsymbol{P}_2=\boldsymbol{B}$　　(B) $\boldsymbol{P}_1\boldsymbol{P}_2\boldsymbol{A}=\boldsymbol{B}$　　(C) $\boldsymbol{P}_2\boldsymbol{P}_1\boldsymbol{A}=\boldsymbol{B}$　　(D) $\boldsymbol{A}\boldsymbol{P}_2\boldsymbol{P}_1=\boldsymbol{B}$

10. 以下结论正确的是 (　　).

(A) 若方阵 $\boldsymbol{A}$ 的行列式 $|\boldsymbol{A}|=0$，则 $\boldsymbol{A}=\boldsymbol{O}$

(B) 若 $\boldsymbol{A}^2=\boldsymbol{O}$，则 $\boldsymbol{A}=\boldsymbol{O}$

(C) 若 $\boldsymbol{A}$ 为对称矩阵，则 $\boldsymbol{A}^2$ 也为对称矩阵

(D) 若方阵 $\boldsymbol{A}\neq\boldsymbol{O}$，则 $|\boldsymbol{A}|\neq 0$

11. 设 $\boldsymbol{A}$ 为 n 阶方阵，则 $|\boldsymbol{A}\boldsymbol{A}^*|=$ (　　).

(A) 1　　(B) $|\boldsymbol{A}|$　　(C) $|\boldsymbol{A}|^2$　　(D) $|\boldsymbol{A}|^n$

12. 若 $\boldsymbol{A}$ 为三阶方阵，且 $|\boldsymbol{A}|=-3$，则 $|3\boldsymbol{A}|=$ (　　).

(A) −9　　(B) 9　　(C) −81　　(D) 81

13. 设 $\boldsymbol{A},\boldsymbol{B}$ 为 n 阶可逆矩阵，则下列正确的是 (　　).

(A) $(\boldsymbol{A}\boldsymbol{B})^{-1}=\boldsymbol{A}^{-1}\boldsymbol{B}^{-1}$　　(B) $\boldsymbol{A}^{\mathrm{T}}=\boldsymbol{A}$

(C) $(\boldsymbol{A}^{-1})^*=(\boldsymbol{A}^*)^{-1}$　　(D) $(2\boldsymbol{A})^{-1}=2\boldsymbol{A}^{-1}$

14. 设 $\boldsymbol{A}$ 为 n 阶方阵，则下列结论正确的是 (　　).

(A) 若 $\boldsymbol{A}^2=\boldsymbol{A}$,则 $\boldsymbol{A}=\boldsymbol{E}$ 或 $\boldsymbol{A}=\boldsymbol{O}$　　(B) $|-\boldsymbol{A}|=-|\boldsymbol{A}|$

(C) $|\boldsymbol{A}^{-1}|=|\boldsymbol{A}|^{-1}$　　(D) 若 $\boldsymbol{A}\neq\boldsymbol{O}$, 则 $|\boldsymbol{A}|\neq 0$

15. 若矩阵 $\boldsymbol{A}$ 的行列式等于零，则下列结论正确的是 (　　).

(A) $\boldsymbol{A}^2$ 是非奇异矩阵　　(B) $\boldsymbol{A}$ 是可逆矩阵

(C) $\boldsymbol{A}$ 是零矩阵　　(D) 对任意与 $\boldsymbol{A}$ 同阶的矩阵 $\boldsymbol{B}$，都有 $|\boldsymbol{A}\boldsymbol{B}|=0$

三、判断题

1. $\boldsymbol{A},\boldsymbol{B}$ 为同阶方阵，则 $(\boldsymbol{A}+\boldsymbol{B})^2=\boldsymbol{A}^2+2\boldsymbol{A}\boldsymbol{B}+\boldsymbol{B}^2$.　　(　　)

2. 若 $\boldsymbol{AB}=\boldsymbol{AC}$，且 $\boldsymbol{A}\neq\boldsymbol{O}$，则 $\boldsymbol{B}=\boldsymbol{C}$.　　(　　)

3. 若 $\boldsymbol{A}^k=\boldsymbol{O}$，则 $\boldsymbol{A}=\boldsymbol{O}$.　　(　　)

4. 在秩是 r 的矩阵中，所有的 r 阶子式都不等于 0.　　(　　)

5. 从矩阵 $\boldsymbol{A}$ 中划去一行得到矩阵 $\boldsymbol{B}$，则 $\mathrm{R}(\boldsymbol{A})>\mathrm{R}(\boldsymbol{B})$.　　(　　)

四、计算题

1. 计算 $\begin{pmatrix}1&-2&1\\0&3&-2\\1&2&-1\end{pmatrix}\begin{pmatrix}3&-1\\-1&-1\\2&1\end{pmatrix}-\begin{pmatrix}3&-1\\-1&-1\\2&1\end{pmatrix}$.

2. 求矩阵 $\boldsymbol{A}=\begin{pmatrix}2&1&0\\3&3&-1\\-2&-3&2\end{pmatrix}$ 的逆矩阵.

3. 求矩阵 $\boldsymbol{A}=\begin{pmatrix}5&2&0&0\\2&1&0&0\\0&0&1&-2\\0&0&1&1\end{pmatrix}$ 的逆矩阵.

4. 当k取何值时，矩阵$\boldsymbol{A}=\begin{pmatrix}1 & 0 & 0\\0 & k & 0\\1 & -1 & 1\end{pmatrix}$可逆，并求其逆矩阵.

5. 设$\boldsymbol{A}$为四阶可逆矩阵，$|\boldsymbol{A}|=2$，求$|(3\boldsymbol{A})^{-1}-4\boldsymbol{A}^*|$.

6. 解矩阵方程$\begin{pmatrix}1 & 2 & 3\\0 & 1 & 2\\4 & 5 & 3\end{pmatrix}\boldsymbol{X}=\begin{pmatrix}1 & 2\\0 & 1\\-1 & 0\end{pmatrix}$.

7. 设$\boldsymbol{A}=\begin{pmatrix}3 & 0 & 0\\0 & 1 & -1\\0 & 1 & 4\end{pmatrix}$，$\boldsymbol{B}=\begin{pmatrix}3 & 6\\1 & 1\\2 & -3\end{pmatrix}$，且满足$\boldsymbol{AX}=2\boldsymbol{X}+\boldsymbol{B}$，求$\boldsymbol{X}$.

8. 求解矩阵方程 $\boldsymbol{AX}=\boldsymbol{A}+\boldsymbol{X}$，其中 $\boldsymbol{A}=\begin{pmatrix}2&2&0\\2&1&3\\0&1&0\end{pmatrix}$.

9. 求矩阵 $\boldsymbol{A}=\begin{pmatrix}3&1&0&2\\1&-1&2&-1\\1&3&-4&4\\1&2&1&1\end{pmatrix}$ 的秩.

10. 设矩阵 $\boldsymbol{A}=\begin{pmatrix}1&-2&3k\\-1&2k&-3\\k&-2&3\end{pmatrix}$，问 k 取什么值时可使(1) $\mathrm{R}(\boldsymbol{A})=1$；(2) $\mathrm{R}(\boldsymbol{A})=2$；(3) $\mathrm{R}(\boldsymbol{A})=3$.

第 3 章　线性方程组与向量

一、填空题

1. 设向量 $\boldsymbol{\alpha}_1=(1,1,0)^{\mathrm{T}}$,$\boldsymbol{\alpha}_2=(0,1,1)^{\mathrm{T}}$,$\boldsymbol{\alpha}_3=(3,4,0)^{\mathrm{T}}$ ，则 $3\boldsymbol{\alpha}_1+2\boldsymbol{\alpha}_2-\boldsymbol{\alpha}_3=$______________.

2. 已知 $\boldsymbol{\alpha}_1=(a,1,1)^{\mathrm{T}}$, $\boldsymbol{\alpha}_2=(1,a,-1)^{\mathrm{T}}$, $\boldsymbol{\alpha}_3=(1,-1,a)^{\mathrm{T}}$ 线性相关，则 $a=$____________.

3. 已知 $\boldsymbol{\alpha}_1=(1,0,0)^{\mathrm{T}}$, $\boldsymbol{\alpha}_2=(2,5,2)^{\mathrm{T}}$, $\boldsymbol{\alpha}_3=(1,5,a)^{\mathrm{T}}$ 线性相关，则 $a=$____________.

4. 已知向量 $\boldsymbol{\beta}=(3,3,-1)^{\mathrm{T}}$ 不能由向量组 $\boldsymbol{\alpha}_1=(1,1,-2)^{\mathrm{T}}$, $\boldsymbol{\alpha}_2=(8,12,0)^{\mathrm{T}}$，$\boldsymbol{\alpha}_3=(2,a+3,1)^{\mathrm{T}}$ 线性表示，则 $a=$____________.

5. 设向量 $\boldsymbol{\beta}=(4,7)^{\mathrm{T}}$, $\boldsymbol{\alpha}_1=(1,2)^{\mathrm{T}}$, $\boldsymbol{\alpha}_2=(2,3)^{\mathrm{T}}$ ，则 $\boldsymbol{\beta}$ 用 $\boldsymbol{\alpha}_1$, $\boldsymbol{\alpha}_2$ 线性表示的表达式为_______.

6. 设向量组 $\boldsymbol{\alpha}_1=(1,t,1,2)^{\mathrm{T}}$, $\boldsymbol{\alpha}_2=(0,1,1,3)^{\mathrm{T}}$, $\boldsymbol{\alpha}_3=(1,1,0,-1)^{\mathrm{T}}$ 的秩为 2, 则 $t=$______________.

7. 设向量组 $\boldsymbol{\alpha}_1=(1,1,1)^{\mathrm{T}}$, $\boldsymbol{\alpha}_2=(0,2,5)^{\mathrm{T}}$, $\boldsymbol{\alpha}_3=(1,3,6)^{\mathrm{T}}$ ，则该向量组线性___________.

8. 设矩阵 $\boldsymbol{A}=\begin{pmatrix}1&0&-1&0&0\\0&1&0&-1&0\\0&0&0&0&0\end{pmatrix}$，则矩阵 $\boldsymbol{A}$ 的秩为____________；线性方程组 $\boldsymbol{Ax}=\boldsymbol{0}$ 的基础解系中解向量的个数为____________.

9. 齐次线性方程组 $\begin{cases}x_1+kx_2+x_3=0,\\2x_1+x_2+x_3=0,\\kx_2+3x_3=0\end{cases}$ 只有零解，则 k 应满足的条件是____________.

10. 当 $k=$__________时，向量 $\boldsymbol{\beta}=(1,k,5)^{\mathrm{T}}$ 能由向量组 $\boldsymbol{\alpha}_1=(1,-3,2)^{\mathrm{T}}$, $\boldsymbol{\alpha}_2=(2,-1,1)^{\mathrm{T}}$ 线性表示.

11. 在齐次线性方程组 $\boldsymbol{A}_{m\times n}\boldsymbol{x}=\boldsymbol{0}$ 中，若 $\mathrm{R}(\boldsymbol{A})=k$ ，且 $\boldsymbol{\eta}_1,\boldsymbol{\eta}_2,\cdots,\boldsymbol{\eta}_r$ 是它的一个基础解系，则 $r=$__________，当 $k=$________时，此方程组只有零解.

12. 已知 $\boldsymbol{\eta}_1=(-3,2,0)^{\mathrm{T}}$, $\boldsymbol{\eta}_2=(1,-2,-4)^{\mathrm{T}}$ 是线性方程组 $\begin{cases}a_1x_1+a_2x_2+a_3x_3=a_4,\\x_1+2x_2-x_3=1,\\2x_1+x_2+x_3=-4\end{cases}$ 的两个解，则该方程组的通解为____________.

13. 设 $\boldsymbol{\alpha}$ 为三维列向量，若 $\boldsymbol{\alpha}\boldsymbol{\alpha}^{\mathrm{T}}=\begin{pmatrix}1&-1&1\\-1&1&-1\\1&-1&1\end{pmatrix}$，则 $\boldsymbol{\alpha}^{\mathrm{T}}\boldsymbol{\alpha}=$____________.

14. 设 $\boldsymbol{A}=\begin{pmatrix}1 & 2 & -2\\ 4 & t & 3\\ 3 & -1 & 1\end{pmatrix}$，$\boldsymbol{B}$ 为三阶非零矩阵，且 $\boldsymbol{AB}=\boldsymbol{O}$，则 $t=$__________ .

15. 已知 $\boldsymbol{\alpha}_1,\boldsymbol{\alpha}_2,\cdots,\boldsymbol{\alpha}_t$ 是线性方程组 $\boldsymbol{Ax}=\boldsymbol{b}$ 的解，如果 $c_1\boldsymbol{\alpha}_1+c_2\boldsymbol{\alpha}_2+\cdots+c_t\boldsymbol{\alpha}_t$ 仍是 $\boldsymbol{Ax}=\boldsymbol{b}$ 的解，则 $c_1+c_2+\cdots+c_t=$____________ .

二、选择题

1. 若向量组 $\boldsymbol{\alpha}_1,\boldsymbol{\alpha}_2,\cdots,\boldsymbol{\alpha}_s$ 线性相关，且 $k_1\boldsymbol{\alpha}_1+k_2\boldsymbol{\alpha}_2+\cdots+k_s\boldsymbol{\alpha}_s=\boldsymbol{0}$，则下列结论成立的是(　　).

(A) $k_1,k_2,\cdots,k_s$ 必全为 0　　(B) $k_1,k_2,\cdots,k_s$ 必全不为 0

(C) $k_1,k_2,\cdots,k_s$ 必不全为 0　　(D) 上述三种结果都可能出现

2. 若 n 阶方阵 $\boldsymbol{A}$ 的 $\mathrm{R}(\boldsymbol{A})=r<n$，则在 $\boldsymbol{A}$ 的 n 个行向量中结论成立的是(　　).

(A) 必有 r 个行向量线性无关

(B) 任意 r 个行向量均可构成极大无关组

(C) 任意 r 个行向量均线性无关

(D) 任意一个行向量均可由其他 r 个行向量线性表示

3. 设向量组 $\boldsymbol{\alpha}_1,\boldsymbol{\alpha}_2,\cdots,\boldsymbol{\alpha}_s$ 的秩为 r_1，向量组 $\boldsymbol{\beta}_1,\boldsymbol{\beta}_2,\cdots,\boldsymbol{\beta}_s$ 的秩为 r_2，且向量组 $\boldsymbol{\alpha}_1,\boldsymbol{\alpha}_2,\cdots,\boldsymbol{\alpha}_s$ 可由向量组 $\boldsymbol{\beta}_1,\boldsymbol{\beta}_2,\cdots,\boldsymbol{\beta}_s$ 线性表示，则(　　).

(A) $r_1\geqslant r_2$　　(B) $r_1=r_2$　　(C) $r_1\leqslant r_2$　　(D) $r_1<r_2$

4. 设 n 元线性方程组 $\boldsymbol{Ax}=\boldsymbol{0}$，且 $\mathrm{R}(\boldsymbol{A})=n-1$，则该方程组的解由(　　)个向量构成.

(A) 无穷多　　(B) 1　　(C) $n-k$　　(D) 不确定

5. n 阶方阵 $\boldsymbol{A}$ 的行列式 $|\boldsymbol{A}|=0$，则(　　).

(A) $\boldsymbol{A}$ 的列向量组线性相关　　(B) $\boldsymbol{A}$ 的列向量组线性无关

(C) $\mathrm{R}(\boldsymbol{A})=0$　　(D) $\mathrm{R}(\boldsymbol{A})\neq 0$

6. 设 n 阶方阵 $\boldsymbol{A},\boldsymbol{B}$ 乘积的行列式 $|\boldsymbol{AB}|=5$，则(　　).

(A) 方阵 $\boldsymbol{A}$ 的列向量组线性相关　　(B) 方阵 $\boldsymbol{A}$ 的列向量组线性无关

(C) $\mathrm{R}(\boldsymbol{A})=5$　　(D) $\mathrm{R}(\boldsymbol{A})<n$

7. 设 n 元线性方程组 $\boldsymbol{Ax}=\boldsymbol{b}$ 且 $\mathrm{R}(\boldsymbol{A},\boldsymbol{b})=n+1$，则该方程组(　　).

(A) 有唯一解　　(B)有无穷多解　　(C) 无解　　(D)不确定

8. 设有线性方程组 $\boldsymbol{Ax}=\boldsymbol{b}$ ① 和对应的齐次线性方程组 $\boldsymbol{Ax}=\boldsymbol{0}$ ②，则必有(　　).

(A) 若①有无穷多解则②仅有零解　　(B) 若①仅有唯一解则②仅有零解

(C) 若②有非零解则①有无穷多解　　(D) 若②仅有零解则①有唯一解

9. n 维向量组 $\boldsymbol{\alpha}_1,\boldsymbol{\alpha}_2,\cdots,\boldsymbol{\alpha}_s$ 线性相关的充分必要条件是(　　).

(A) $\boldsymbol{\alpha}_1,\boldsymbol{\alpha}_2,\cdots,\boldsymbol{\alpha}_s$ 中有一个零向量

(B) $\boldsymbol{\alpha}_1,\boldsymbol{\alpha}_2,\cdots,\boldsymbol{\alpha}_s$ 中任意两个向量的分量成比例

(C) $\boldsymbol{\alpha}_1,\boldsymbol{\alpha}_2,\cdots,\boldsymbol{\alpha}_s$ 中有一个向量是其余向量的线性组合

(D) $\boldsymbol{\alpha}_1,\boldsymbol{\alpha}_2,\cdots,\boldsymbol{\alpha}_s$ 中任意一个向量是其余向量的线性组合

10. 设非线性方程组 $\boldsymbol{Ax}=\boldsymbol{b}$，$\boldsymbol{\eta}_1,\boldsymbol{\eta}_2$ 是其两个任意解，则下列结论错误的是(　　).

(A) $\boldsymbol{\eta}_1+\boldsymbol{\eta}_2$ 是 $\boldsymbol{Ax}=\boldsymbol{0}$ 的一个解　　(B) $\frac{1}{2}\boldsymbol{\eta}_1+\frac{1}{2}\boldsymbol{\eta}_2$ 是 $\boldsymbol{Ax}=\boldsymbol{b}$ 的一个解

(C) $\boldsymbol{\eta}_1-\boldsymbol{\eta}_2$ 是 $\boldsymbol{Ax}=\boldsymbol{0}$ 的一个解　　(D) $2\boldsymbol{\eta}_1-\boldsymbol{\eta}_2$ 是 $\boldsymbol{Ax}=\boldsymbol{b}$ 的一个解

三、判断题

1. 若 n 阶方阵 $\boldsymbol{A}$ 的 $\mathrm{R}(\boldsymbol{A})=r<n$，则 $\boldsymbol{A}$ 的 n 个行向量线性无关.　(　　)

2. 向量组 A 与向量组 B 等价的充分必要条件是它们所含的向量个数相同.　(　　)

3. 设 $\boldsymbol{A}$ 为 4×5 矩阵，且 $\boldsymbol{A}$ 的行向量组线性无关，则线性方程组 $\boldsymbol{Ax}=\boldsymbol{b}$ 有无穷多解.　(　　)

4. 设向量组 $\boldsymbol{\alpha}_1,\boldsymbol{\alpha}_2,\cdots,\boldsymbol{\alpha}_n$ 的秩为 $r\ (r<n)$，则 $\boldsymbol{\alpha}_1,\boldsymbol{\alpha}_2,\cdots,\boldsymbol{\alpha}_n$ 中由 $r+1$ 个向量组成的向量组线性相关.　(　　)

5. 方阵 $\boldsymbol{A}$ 可逆的充分必要条件是齐次线性方程组 $\boldsymbol{Ax}=\boldsymbol{0}$ 只有零解.　(　　)

四、计算题

1. 非齐次线性方程组 $\begin{cases}-2x_1+x_2+x_3=-2,\\ x_1-2x_2+x_3=\lambda,\\ x_1+x_2-2x_3=\lambda^2\end{cases}$ 当 λ 取何值时有解？并求出它的解.

2. 求下列齐次线性方程组的基础解系及通解：

(1) $\begin{cases} x_1+2x_2+x_3-x_4=0, \\ 3x_1+6x_2-x_3-3x_4=0, \\ 5x_1+10x_2+x_3-5x_4=0. \end{cases}$

(2) $\begin{cases} x_1-x_2-x_3+x_4=0, \\ x_1-x_2+x_3-3x_4=0, \\ x_1-x_2-2x_3+3x_4=0. \end{cases}$

3. 求下列非齐次线性方程组的通解：

(1) $\begin{cases} 2x_1+x_2-x_3+x_4=1, \\ 3x_1-2x_2+x_3-3x_4=4, \\ x_1+4x_2-3x_3+5x_4=-2. \end{cases}$

(2) $\begin{cases} x_1+5x_2+4x_3-13x_4=3, \\ 3x_1-x_2+2x_3+5x_4=2, \\ 2x_1+2x_2+3x_3-4x_4=1. \end{cases}$

4. 求下列向量组的秩和一个极大线性无关组，并把其余向量用极大线性无关组表示.

(1) $\boldsymbol{\alpha}_1=(-2,1,0,3)^{\mathrm{T}}, \boldsymbol{\alpha}_2=(1,-3,2,4)^{\mathrm{T}}$, $\boldsymbol{\alpha}_3=(3,0,2,-1)^{\mathrm{T}}, \boldsymbol{\alpha}_4=(2,-2,4,6)^{\mathrm{T}}$.

(2) $\boldsymbol{\alpha}_1=(1,1,2,3)^{\mathrm{T}}, \boldsymbol{\alpha}_2=(1,-1,1,1)^{\mathrm{T}}$, $\boldsymbol{\alpha}_3=(1,3,3,5)^{\mathrm{T}}$.

5. 设 $\boldsymbol{\alpha}_1=(1,1,1)^{\mathrm{T}}, \boldsymbol{\alpha}_2=(2,3,1)^{\mathrm{T}}, \boldsymbol{\alpha}_3=(4,6,2)^{\mathrm{T}}$， $\boldsymbol{\beta}_1=(8,11,5)^{\mathrm{T}}, \boldsymbol{\beta}_2=(-2,-2,-1)^{\mathrm{T}}$.

(1) $\boldsymbol{\beta}_1$ 及 $\boldsymbol{\beta}_2$ 能否由 $\boldsymbol{\alpha}_1,\boldsymbol{\alpha}_2$ 线性表示？若能表示，则写出表达式.

(2) $\boldsymbol{\beta}_1$ 及 $\boldsymbol{\beta}_2$ 能否由 $\boldsymbol{\alpha}_1,\boldsymbol{\alpha}_2,\boldsymbol{\alpha}_3$ 线性表示？若能表示，则写出表达式.

6. 已知向量组 $\boldsymbol{\alpha}_1=(1,2,-3)^{\mathrm{T}},\boldsymbol{\alpha}_2=(3,0,1)^{\mathrm{T}},\boldsymbol{\alpha}_3=(9,6,-7)^{\mathrm{T}}$ 与向量组 $\boldsymbol{\beta}_1=(0,1,-1)^{\mathrm{T}},\boldsymbol{\beta}_2=(a,2,1)^{\mathrm{T}}$, $\boldsymbol{\beta}_3=(b,1,0)^{\mathrm{T}}$ 有相同的秩，且 $\boldsymbol{\beta}_3$ 可由 $\boldsymbol{\alpha}_1,\boldsymbol{\alpha}_2,\boldsymbol{\alpha}_3$ 线性表示，求 a, b 的值.

7. 设 $\boldsymbol{\alpha}_1=(1,1,1)^{\mathrm{T}}$, $\boldsymbol{\alpha}_2=(1,3,5)^{\mathrm{T}}$, $\boldsymbol{\alpha}_3=(1,6,t)^{\mathrm{T}}$.

(1) t 为何值时，$\boldsymbol{\alpha}_1,\boldsymbol{\alpha}_2,\boldsymbol{\alpha}_3$ 线性相关？

(2) t 为何值时，$\boldsymbol{\alpha}_1,\boldsymbol{\alpha}_2,\boldsymbol{\alpha}_3$ 线性无关？

(3) 当 $\boldsymbol{\alpha}_1,\boldsymbol{\alpha}_2,\boldsymbol{\alpha}_3$ 线性相关时，将 $\boldsymbol{\alpha}_3$ 表示为 $\boldsymbol{\alpha}_1,\boldsymbol{\alpha}_2$ 的线性组合.

8. 设四元非齐次线性方程组 $\boldsymbol{Ax}=\boldsymbol{b}$，已知 $\mathrm{R}(\boldsymbol{A})=2$，$\boldsymbol{\eta}_1,\boldsymbol{\eta}_2,\boldsymbol{\eta}_3$ 是它三个解向量，且 $\boldsymbol{\eta}_1+\boldsymbol{\eta}_2=(1,-2,3,4)^{\mathrm{T}}$, $\boldsymbol{\eta}_2+\boldsymbol{\eta}_3=(0,-1,2,-1)^{\mathrm{T}}$, $\boldsymbol{\eta}_3+\boldsymbol{\eta}_1=(3,0,-1,5)^{\mathrm{T}}$，求该方程组的通解.

9. 设线性方程组 $\begin{cases}x_1+3x_2+x_3=0,\\3x_1+2x_2+3x_3=-1,\\-x_1+4x_2+mx_3=k,\end{cases}$ 则 m, k 为何值时，方程组有唯一解？有无穷多解？在有无穷多解时，求出其通解.

10. 设向量组 $\boldsymbol{a}_1, \boldsymbol{a}_2, \boldsymbol{a}_3$ 线性无关，判断向量组 $\boldsymbol{b}_1, \boldsymbol{b}_2, \boldsymbol{b}_3$ 的线性相关性.

(1) $\boldsymbol{b}_1 = \boldsymbol{a}_1 + \boldsymbol{a}_2, \boldsymbol{b}_2 = 2\boldsymbol{a}_2 + 3\boldsymbol{a}_3, \boldsymbol{b}_3 = 5\boldsymbol{a}_1 + 3\boldsymbol{a}_2$.

(2) $\boldsymbol{b}_1 = \boldsymbol{a}_1 + 2\boldsymbol{a}_2 + 3\boldsymbol{a}_3, \boldsymbol{b}_2 = 2\boldsymbol{a}_1 + 2\boldsymbol{a}_2 + 4\boldsymbol{a}_3, \boldsymbol{b}_3 = 3\boldsymbol{a}_1 + \boldsymbol{a}_2 + 3\boldsymbol{a}_3$.

五、应用题

某商店提供四种型号的大衣，分为 S，M，L，XL 这四种型号，它们的售价分别为每件 220 元、240 元、260 元和 300 元. 若某周该商店共售出 13 件大衣，销售总收入为 3200 元，已知 L 号大衣的销售量是 S 号和 XL 号大衣销售量的总和，L 号大衣的收入是 S 号和 XL 号大衣收入的总和，问每种型号大衣各售出多少件？

第 4 章　相 似 矩 阵

一、填空题

1. 设 A 为 n 阶可逆矩阵，已知 A 有一个特征值为 2，则 $(3A)^{-1}$ 必有一个特征值为________；

2. 已知 A 有一个特征值为 3，则矩阵 $B = A^2 + 2E$ 必有一个特征值为__________；

3. 矩阵 $A = \begin{pmatrix} 1 & 0 & 0 \\ 1 & 3 & 0 \\ 2 & 1 & 5 \end{pmatrix}$ 的特征值为______________；

4. 设三阶方阵 A 的特征值分别为 1,2,3，且 A 与 B 相似，则 $|2B| =$________；

5. 若四阶方阵 A 与 B 相似，且矩阵 A 的特征值为 $1,\frac{1}{2},\frac{1}{3},\frac{1}{4}$，则行列式 $\left|B^{-1}+2E\right| =$_________；

6. 设三阶方阵 A 的特征值为 1,2,3，则 A^* 的特征值为______________；

7. 若 $\lambda = 5$ 是可逆方阵 A 的一个特征值，则 A^{-1} 必有一个特征值为___________；

8. 已知三阶方阵 A 的特征值为 –4，4，2，那么行列式 $\left|\frac{1}{4}A\right| =$_________；

9. 已知矩阵 $A = \begin{pmatrix} 1 & 0 & 1 \\ 0 & 1 & 0 \\ 1 & 0 & x \end{pmatrix}$ 的一个特征值为 0，则 $x =$____________；

10. 设 A 为 n 阶可逆矩阵，λ 为 A 的特征值，则 $A^* + 3E$ 必有特征值___________；

*11. 二次型 $f = -4x_1x_2 + 2x_2x_3 + 2x_1x_3$ 的矩阵为______________________，该二次型的秩为______________________；

*12. 将 $f = 2x_1^2 - 4x_1x_2 + x_2^2 - 4x_2x_3$ 化为标准形为____________；

*13. 当 $t =$_____时，二次型 $f = x_1^2 + x_2^2 + 5x_3^2 + 2tx_1x_2 - 2x_1x_3 + 4x_2x_3$ 为正定二次型；

*14. 若二次型 $f(x_1,x_2,x_3) = x_1^2 + 4x_2^2 + 2x_3^2 + 2tx_1x_2 + 2x_1x_3$ 为正定二次型，则 t 应满足不等式______________；

*15. 若矩阵 $\begin{pmatrix} 1 & 1 & 0 \\ 1 & t & 0 \\ 0 & 0 & t^2 \end{pmatrix}$ 正定，则 t 满足条件_________________；

二、判断题

1. 若矩阵 $\boldsymbol{A}$ 和 $\boldsymbol{B}$ 相似，则 $|\boldsymbol{A}|=|\boldsymbol{B}|$.　(　　)

2. 若矩阵 $\boldsymbol{A}$ 与 $\boldsymbol{B}$ 相似，则矩阵 $\boldsymbol{A}$ 与 $\boldsymbol{B}$ 等价.　(　　)

*3. 实二次型的矩阵不一定为实对称矩阵.　(　　)

*4. 任何一个二次型都可以通过正交变换法化为标准形.　(　　)

*5. 三元二次型 $f=y_1^2+y_2^2-y_3^2$ 为正定二次型.　(　　)

三、选择题

1. 设 $\lambda=2$ 是可逆矩阵 $\boldsymbol{A}$ 的一个特征值，则矩阵 $(\boldsymbol{A}^3)^{-1}$ 必有一个特征值等于 (　　).

(A) $\dfrac{1}{8}$　(B) 2　(C) $\dfrac{1}{2}$　(D) 8

2. 设三阶实对称矩阵 $\boldsymbol{A}$ 的特征值为 $\lambda_1=1,\lambda_1=2,\lambda_3=3$，则 $\mathrm{R}(\boldsymbol{A})=$ (　　).

(A) 0　(B) 1　(C) 2　(D) 3

3. 设三阶矩阵 $\boldsymbol{A}$ 与 $\boldsymbol{B}$ 相似，且已知 $\boldsymbol{A}$ 的特征值为 2，2，3，则 $|\boldsymbol{B}^{-1}|=$ (　　).

(A) $\dfrac{1}{12}$　(B) $\dfrac{1}{7}$　(C) 7　(D) 12

4. 设矩阵 $\boldsymbol{A}=\begin{pmatrix}1&-1&1\\1&3&-1\\1&1&1\end{pmatrix}$ 的三个特征值分别为 $\lambda_1,\lambda_2,\lambda_3$，则 $\lambda_1+\lambda_2+\lambda_3=$ (　　).

(A) 4　(B) 5　(C) 6　(D) 7

5. 设三阶方阵 $\boldsymbol{A}$ 的特征值为 1，–1，2，则下列矩阵中为可逆矩阵的是 (　　).

(A) $\boldsymbol{E}-\boldsymbol{A}$　(B) $\boldsymbol{E}+\boldsymbol{A}$　(C) $\boldsymbol{A}-2\boldsymbol{E}$　(D) $-2\boldsymbol{E}-\boldsymbol{A}$

6. 设 $\boldsymbol{A}$ 为三阶矩阵，且已知 $|3\boldsymbol{A}+2\boldsymbol{E}|=0$，则 $\boldsymbol{A}$ 必有一个特征值为 (　　).

(A) $-\dfrac{3}{2}$　(B) $-\dfrac{2}{3}$　(C) $\dfrac{2}{3}$　(D) $\dfrac{3}{2}$

7. 下列矩阵为正交矩阵的是 (　　).

(A) $\begin{pmatrix}1&-2\\2&1\end{pmatrix}$　(B) $\begin{pmatrix}\dfrac{\sqrt2}{2}&-\dfrac{\sqrt2}{2}\\\dfrac{\sqrt2}{2}&\dfrac{\sqrt2}{2}\end{pmatrix}$　(C) $\begin{pmatrix}1&3\\3&1\end{pmatrix}$　(D) $\begin{pmatrix}1&\sqrt2\\\sqrt2&1\end{pmatrix}$

8. 矩阵 $\boldsymbol{A}=\begin{pmatrix}1&1&0\\1&0&1\\0&1&1\end{pmatrix}$ 的特征值是(　　).

(A) 1,1,0　　(B) 1,–1,–2　　(C) 1,–1,2　　(D) 1,1,2

9. 设 $\boldsymbol{A}$ 为三阶方阵，且各行元素之和都是 5，则 $\boldsymbol{A}$ 必有特征值(　　).

(A) 1　　(B) 3　　(C) 5　　(D) 6

10. 设 ξ_0 是矩阵 $\boldsymbol{A}$ 对应于特征值 λ_0 的特征向量，则 ξ_0 不是(　　)的特征向量.

(A) $(\boldsymbol{A}+\boldsymbol{E})^2$　　(B) $-2\boldsymbol{A}$　　(C) $\boldsymbol{A}^{\mathrm{T}}$　　(D) $\boldsymbol{A}^*$

11. 设 $\boldsymbol{A}$ 为四阶实对称矩阵，且 $\mathrm{R}(\boldsymbol{A})=3$， $\boldsymbol{A}^2+\boldsymbol{A}=\boldsymbol{O}$，则与 $\boldsymbol{A}$ 相似的矩阵为(　　).

(A) $\begin{pmatrix}1&&&\\&1&&\\&&1&\\&&&0\end{pmatrix}$　　(B) $\begin{pmatrix}1&&&\\&1&&\\&&-1&\\&&&0\end{pmatrix}$

(C) $\begin{pmatrix}1&&&\\&-1&&\\&&-1&\\&&&0\end{pmatrix}$　　(D) $\begin{pmatrix}-1&&&\\&-1&&\\&&-1&\\&&&0\end{pmatrix}$

12. 设 $\boldsymbol{A}$ 和 $\boldsymbol{B}$ 均为 n 阶方阵，若 $\boldsymbol{A}$ 与 $\boldsymbol{B}$ 相似，则(　　).

(A) $\boldsymbol{A},\boldsymbol{B}$ 的特征矩阵相同　　(B) $\boldsymbol{A},\boldsymbol{B}$ 的特征方程相同

(C) $\boldsymbol{A},\boldsymbol{B}$ 相似于同一对角矩阵　　(D) 存在正交矩阵 $\boldsymbol{Q}$，使得 $\boldsymbol{QAQ}^{-1}=\boldsymbol{B}$

*13. 与矩阵 $\boldsymbol{A}=\begin{pmatrix}1&0&0\\0&-1&2\\0&2&2\end{pmatrix}$ 合同的矩阵是(　　).

(A) $\begin{pmatrix}1&0&0\\0&-1&0\\0&0&0\end{pmatrix}$　　(B) $\begin{pmatrix}1&0&0\\0&1&0\\0&0&-1\end{pmatrix}$

(C) $\begin{pmatrix}1&0&0\\0&-1&0\\0&0&-1\end{pmatrix}$　　(D) $\begin{pmatrix}-1&0&0\\0&-1&0\\0&0&-1\end{pmatrix}$

*14. 下列矩阵中，正定的是(　　).

(A) $\begin{pmatrix} 1 & 2 & -3 \\ 2 & 7 & 5 \\ -3 & 5 & 0 \end{pmatrix}$　　(B) $\begin{pmatrix} 1 & 2 & -3 \\ 2 & 4 & 5 \\ -3 & 5 & 7 \end{pmatrix}$

(C) $\begin{pmatrix} 5 & 2 & 0 \\ 2 & 6 & -3 \\ 0 & -3 & -1 \end{pmatrix}$　　(D) $\begin{pmatrix} 5 & -2 & 0 \\ -2 & 6 & -2 \\ 0 & -2 & 4 \end{pmatrix}$

*15. 二次型 $f = \boldsymbol{x}^{\mathrm{T}}\boldsymbol{A}\boldsymbol{x}$ 正定的充要条件是(　　).

(A) 负惯性指标为0　　(B) 存在可逆矩阵 $\boldsymbol{P}$，使 $\boldsymbol{P}^{-1}\boldsymbol{A}\boldsymbol{P} = \boldsymbol{E}$

(C) $\boldsymbol{A}$ 的特征值全大于0　　(D) 存在 n 阶矩阵 $\boldsymbol{C}$，使 $\boldsymbol{A} = \boldsymbol{C}^{\mathrm{T}}\boldsymbol{C}$

四、计算题

1. 设 n 阶方阵 $\boldsymbol{A}$ 满足等式 $\boldsymbol{A}^2 = \boldsymbol{E}$，求 $\boldsymbol{A}$ 的特征值.

2. 已知三阶方阵 $\boldsymbol{A}$ 的三个特征值为 $\lambda_1 = 1, \lambda_2 = 2, \lambda_3 = 3$，分别求矩阵 $\boldsymbol{A}^3, (2\boldsymbol{A})^{-1}$ 及 $\boldsymbol{A}^*$ 的特征值.

3. 已知三阶矩阵 $\boldsymbol{A}$ 的三个特征值为 $\lambda_1 = 1, \lambda_2 = -1, \lambda_3 = 2$，求：

(1) $\boldsymbol{B} = \boldsymbol{A}^2 + 3\boldsymbol{A} + 2\boldsymbol{E}$ 的特征值；

(2) $\boldsymbol{B} = \boldsymbol{A}^2 + 3\boldsymbol{A} + 2\boldsymbol{E}$ 的行列式的值.

4. 设 $\boldsymbol{A}=\begin{pmatrix}-2 & 1 & 1\\ 0 & 2 & 0\\ -4 & 1 & 3\end{pmatrix}$，求：(1) $\boldsymbol{A}$ 的特征值；(2) 其特征值所对应的特征向量.

5. 求矩阵 $\boldsymbol{A}=\begin{pmatrix}1 & 2 & 2\\ 2 & 1 & 2\\ 2 & 2 & 1\end{pmatrix}$ 的全部特征值和特征向量.

6. 求一个正交变换矩阵 $\boldsymbol{Q}$，将对称矩阵 $\boldsymbol{A}=\begin{pmatrix}2 & -1 & -1\\ -1 & 2 & -1\\ -1 & -1 & 2\end{pmatrix}$ 化成对角矩阵.

7. 设 $\boldsymbol{A}=\begin{pmatrix}-3 & 2\\ -2 & 2\end{pmatrix}$，求 $\boldsymbol{A}^k$．

*8. 设 $\boldsymbol{A}$ 为三阶矩阵，且 $\boldsymbol{A}\boldsymbol{\alpha}_i=i\boldsymbol{\alpha}_i(i=1,2,3)$，其中 $\boldsymbol{\alpha}_1=(1,2,2)^{\mathrm{T}},\boldsymbol{\alpha}_2=(2,-2,1)^{\mathrm{T}},\boldsymbol{\alpha}_3=(-2,-1,2)^{\mathrm{T}}$，求矩阵 $\boldsymbol{A}$．

*9. 用配方法将二次型 $f=x_1^2+2x_2^2+x_3^2+2x_1x_2+2x_1x_3+4x_2x_3$ 化为标准形．

*10. 用正交变换法化二次型为标准形 $f=(x_1-x_2)^2+(x_2-x_3)^2+(x_3-x_1)^2$．

第 5 章　随机事件及其概率

一、填空题

1. 写出下面随机事件的样本空间：

   已知某厂生产的 100 个产品中有 10 个一等品和 90 个二等品，现对产品进行抽检，若从中任意取一产品，观察产品等级________；若从中不放回任意取两次 (每次取出一个)，观察产品等级________________；若从中不放回任意取三次，记录取到的一等品个数__________.

2. 设 A,B,C 是三个随机事件，试以 A,B,C 的运算来表示下列事件：(1) A,B,C 同时发生______；(2) A,B,C 中至少有两个发生__________.

3. 化简事件：$(A+B)(B+C)=$_____.

4. 3 封信随机地投入编号为 1，2，3，4 的 4 个空邮筒内，则：(1) 编号为 2 的邮筒内恰有一封信的概率为____；(2) 有 3 个邮筒各有一封信的概率为____.

5. 一袋中有 4 只白球和 6 只红球，从中任意取出 3 只，则其中恰有一只白球的概率为______.

6. 设某地铁列车每 5 分钟发一次，则每个乘客到达候车厅后等车时间不超过 3 分钟的概率为____.

7. 设 A,B,C 是同一个样本空间中的任意三个随机事件，则

   (1) $P(\overline{A})=$ _____；(2) $A\supset B, P(A-B)=P(A\overline{B})=$________；

   (3) $AB=\varnothing, P(A\cup B)=$ ________________；

   (4) $P(A\cup B\cup C)=$________________________.

8. 设 $P(A)=0.3, P(B)=0.5,\ P(A\cup B)=0.6$，则 $P(AB)=$______________；

   $P(\overline{AB})=$______；$P(\overline{A}\cup\overline{B})=$______.

9. 设 $P(A)=0.4, P(B)=0.3$，$P(\overline{AB})=0.4$，则 $P(A\cup B)=$______________；

   $P(AB)=$_______.

10. 设 A,B,C 是三个随机事件，且 $P(A)=P(B)=P(C)=1/5, P(AC)=1/10, P(AB)=P(BC)=0$，则 A,B,C 都发生的概率为____；A,B,C 中至少有一个发生的概率为____；A,B,C 都不发生的概率为_____.

11. 设 $P(A)=0.3$, $P(A\cup B)=0.6$ ，那么：

(1) 若 A 和 B 互不相容，则 $P(B)=$__________；

(2) 若 A 和 B 相互独立，则 $P(B)=$__________；

(3) 若 $A\subset B$ ，则 $P(B)=$__________.

12. 设事件 A,B 满足 $P(A)=0.5,P(B)=0.6,P(B|A)=0.8$ ，则 $P(A\cup B)=$________.

13. 设 A,B 为随机事件，若 $P(A)=0.7,P(A\overline{B})=0.5$ ，则 $P(B|A)=$________.

14. 设 $P(A)=P(B)=P(C)=1/3$ ，且 A,B,C 相互独立，则事件 A,B,C 都发生的概率为________；事件 A,B,C 恰有一个发生的概率为_________.

15. 某同学进行投球练习，每次投中的概率为 0.8 ,重复进行独立的练习，直到第 5 次才投中的概率是_______________.

二、选择题

1. 设 $AB\subset C$ ，则 (　　).

(A) $\overline{AB}\supset\overline{C}$　　(B) $A\subset C$ 或 $B\subset C$

(C) $\overline{A\cup B}\supset\overline{C}$　　(D) $A\subset C$ 且 $B\subset C$

2. 设 A 与 B 是两个事件，则 $P(A\overline{B})=$ (　　) .

(A) $P(A)-P(B)$　　(B) $P(A)-P(B)-P(AB)$

(C) $P(A)-P(AB)$　　(D) $P(A)+P(B)-P(AB)$

3. 两只不同的球随机地放入标号分别为 1, 2, 3 的 3 个盒子中，则标号为 1, 2 的盒子中各有一球的概率为 (　　).

(A) $\dfrac{2!}{3^2}$　　(B) $\mathrm{C}_3^2\dfrac{2!}{3^2}$　　(C) $\dfrac{3!}{2^3}$　　(D) $\mathrm{C}_3^2\dfrac{3!}{2^3}$

4. 抛掷 2 枚质地均匀的硬币，恰好有 1 枚正面向上的概率是 (　　).

(A) 0.125　　(B) 0.25　　(C) 0.375　　(D) 0.5

5. 设事件 A,B 互不相容，则 (　　).

(A) $P(\overline{A}\cup\overline{B})=1$　　(B) $P(\overline{A}\cap\overline{B})=1$

(C) $P(A)=1-P(B)$　　(D) $P(AB)=P(A)P(B)$

6. 已知事件 A,B 满足 $P(AB)=P(\overline{A}\,\overline{B})$ ，且 $P(A)=0.4$ ，则 $P(B)=$ (　　).

(A) 0.4　　(B) 0.5　　(C) 0.6　　(D) 0.7

7. 设 A 与 B 满足 $P(B|A)=1$，则 (　　).

(A) A 是必然事件　　(B) $P(B|\overline{A})=0$

(C) $A\supset B$　　(D) $P(A)\leqslant P(B)$

8. 设 $B\subset A$，则 (　　).

(A) $P(\overline{A}\,\overline{B})=1-P(A)$　　(B) $P(\overline{B}-\overline{A})=P(\overline{B})-P(A)$

(C) $P(B|A)=P(B)$　　(D) $P(A|\overline{B})=P(A)$

9. 设 A,B 为两个随机事件，则 (　　).

(A) 若 $AB\neq\varnothing$，则事件 A,B 一定独立

(B) 若 $AB\neq\varnothing$，则事件 A,B 有可能独立

(C) 若 $AB=\varnothing$，则事件 A,B 一定独立

(D) 若 $AB=\varnothing$，则事件 A,B 一定不独立

10. 将一枚硬币独立地掷两次，设事件

$A_1=\{$掷第一次出现正面$\}$，$A_2=\{$掷第二次出现正面$\}$，

$A_3=\{$正、反面各出现一次$\}$，$A_4=\{$正面出现两次$\}$，

则事件 (　　).

(A) A_1,A_2,A_3 相互独立　　(B) A_2,A_3,A_4 相互独立

(C) A_1,A_2,A_3 两两独立　　(D) A_2,A_3,A_4 两两独立

11. 设 $P(A)>0,\ P(B)>0$,且 A 与 B 互不相容，则 (　　) 一定成立.

(A) A 与 B 对立　　(B) $\overline{A}$ 与 $\overline{B}$ 互不相容

(C) A 与 B 独立　　(D) A 与 B 不独立

12. 设 $P(AB)=0$，则 (　　).

(A) A 与 B 不相容　　(B) $P(A)=0$ 或 $P(B)=0$

(C) A 与 B 独立　　(D) $P(A-B)=P(A)$

13. 设 A,B 为随机事件，且 $P(B)>0$, $P(A|B)=1$，则 (　　).

(A) $P(A\cup B)>P(A)$　　(B) $P(A\cup B)>P(B)$

(C) $P(A\cup B)=P(A)$　　(D) $P(A\cup B)=P(B)$

14. 下列各命题中正确的是(　　).

(A) 若事件 A 与 B 相互独立，则 $P(A|B)=P(B)$

(B) 若事件 A 与 B 相互独立，则 $P(A)=P(B)$

(C) 若事件 A 与 B 相互独立，则 $P(A\cup B)=P(A)+P(B)$

(D) 若事件 A 与 B 相互独立，则 $P(\bar{A}\bar{B})=P(\bar{A})P(\bar{B})$

15. 某选手进行射击练习，每次击中的概率为 $p(0<p<1)$，重复进行独立练习，在 n 次射击练习中击中 r 次的概率是(　　).

(A) $\mathrm{C}_n^r p^r(1-p)^{n-r}$　　(B) $\mathrm{C}_n^1 p(1-p)^{n-1}$

(C) $\mathrm{C}_{n-1}^{r-1} p^r(1-p)^{n-r}$　　(D) $\mathrm{C}_{n-1}^1 p(1-p)^{n-1}$

三、判断题

1. 样本空间的选取方式不唯一.　(　　)
2. 互逆事件一定是互斥事件.　(　　)
3. 概率是零的事件一定是不可能事件.　(　　)
4. 当 $P(A)>0,\ \ P(B)>0$ 时，若 A 与 B 互斥，则 A 与 B 不相互独立.　(　　)
5. 若三个事件 A,B,C 两两独立，则 A,B,C 相互独立.　(　　)

四、计算题

1. 将一枚硬币抛掷 3 次，求：(1) 恰有一次出现正面的概率；(2) 至少有一次出现正面的概率.

2. 一个袋中装有 6 个球，其中 4 个白球，2 个红球. 从袋中不放回地取两次，每次随机地取一个，求：(1) 取到的两个球都是白球的概率；(2) 取到的两个球颜色相同的概率；(3) 取到的两个球中至少有一个是白球的概率.

3. 将两封不同的信随机地投入 4 个不同的邮箱中，求邮箱中信件的最大个数分别为 1，2 的概率.

4. 两人约定下午 5 点到 6 点之间在某地会面，相互约定等候时间不超过 10 分钟，求两人能顺利会面的概率.

5. 某专业有 3 个班级，现在对该专业的毕业设计进行抽查，已知一、二、三班毕业设计的优秀率分别为 30%，20%和 10%，现任取一个班级的毕业设计，从该班的毕业设计中任取一位同学的毕业设计. (1) 试求所取到的毕业设计成绩为优秀的概率；(2) 若取到的毕业设计成绩为优秀，求它来自于第一班的概率.

6. 设有两个箱子中装有同一种商品，第一箱内装有 50 件，其中有 10 件优质品；第二箱内装有 30 件，其中有 18 件优质品．现在随意打开一箱，然后从箱中先后随意取出两件．(1) 求先取出的是优质品的概率；(2) 在先取出的是优质品的条件下，求后取出的商品也是优质品的概率．

7. 有甲、乙两个品牌的种子，其中甲品牌种子的发芽率为 0.6，乙品牌种子的发芽率为 0.9，分别对两个品牌的种子进行独立试验．求：(1) 两个品牌的种子都发芽的概率；(2) 两个品牌的种子都不发芽的概率；(3) 只有一个品牌的种子发芽的概率．

8. 对同一目标进行 3 次独立射击，第一、二、三次射击的命中率分别为 0.6，0.8，0.7，求：(1) 恰有一次击中目标的概率；(2) 至少有一次击中目标的概率．

9. (1) 设事件 A,B,C 的概率相等且相互独立，且 $P(A\cup B\cup C)=7/8$，求 $P(A)$.

(2) 在 4 次独立重复的试验中，事件 A 至少出现一次的概率为 $\dfrac{65}{81}$，求在一次试验中 A 出现的概率.

10. 设某个车间里共有 5 台车床，每台车床使用电力是间歇性的，平均起来每小时约有 6 分钟使用电力，假设车工们工作是相互独立的. 求在同一时刻，(1) 恰有 2 台车床被使用的概率；(2) 至多有 3 台车床被使用的概率；(3) 至少有 1 台车床被使用的概率.

第 6 章　一维随机变量及其分布

一、填空题

1. 设离散型随机变量 X 的概率分布为 $P\{X=k\}=\dfrac{1}{kC}\quad(k=1,2,3,4)$，则 C=______.

2. 设离散型随机变量 X 的分布律为 $P(X=k)=a\dfrac{3^k}{k!}(k=0,1,2,\cdots)$，则 $a=$________，

$P(X\leqslant 1)=$_____.

3. 设随机变量 X 的概率分布为 $P(X=k)=\dfrac{a}{5^k}$，a 为常数，$k=1,2,\cdots$，则 $a=$_____.

4. 设随机变量 X 的分布函数为 $F(x)=\begin{cases}0, & x<-1,\\ 0.4, & -1\leqslant x<1,\\ 0.8, & 1\leqslant x<3,\\ 1, & x\geqslant 3,\end{cases}$ 则 X 的分布律为_____.

5. 设连续型随机变量 X 的分布函数为 $F(x)=\begin{cases}0, & x<a,\\ \dfrac{1}{4}x^2, & a\leqslant x<2,\\ 1, & x\geqslant 1,\end{cases}$ 则 $a=$______.

6. 若连续型随机变量 X 的分布函数为 $F(x)=\begin{cases}0, & x<-3,\\ A+B\arccos\dfrac{x}{3}, & -3\leqslant x<3,\\ 1, & x\geqslant 3,\end{cases}$ 则常数

$A=$_____，$B=$_______，概率密度函数 $f(x)=$__________________.

7. 已知随机变量 X 的概率密度函数为 $f(x)=\begin{cases}A\mathrm{e}^x, & x<0,\\ x, & 0\leqslant x<1,\\ 0, & x\geqslant 1,\end{cases}$ 则常数 $A=$___________，

分布函数 $F(x)=$ _______________，概率 $P(-0.5<X<1)=$____________.

8. 设随机变量 $X\sim N(0,1)$，$\Phi(0.45)=0.6736$，则 $P(X>0.45)=$____________________，
$P(|X|>0.45)=$________________________.

9. 设随机变量 $X\sim N(1,16)$，$\Phi(0.25)=0.59871$，则 $P(0<X<2)=$________.

10. 设随机变量 $X\sim B(2,p)$，若 $P(X\geqslant 1)=5/9$，则 $p=$ _______.

11. 设 $X \sim N(4,\sigma^2)$，且 $P(2<X<4)=0.3$，则 $P(X<2)=$__________.

12. 已知连续型随机变量 X 的概率密度函数为 $f(x)=\frac{1}{\sqrt{8\pi}}\mathrm{e}^{\frac{-x^2+2x-1}{8}},-\infty<x<+\infty$，则 $P(|X-1|<2)=$________.

13. 设随机变量 X 的概率密度函数为 $f(x)=\begin{cases}4x^3, & 0<x<1,\\ 0, & 其他,\end{cases}$ 则使 $P(X>a)=\frac{1}{2}$ 成立的常数 $a=$_______；$P(0.5<X<1.5)=$_______.

14. 设随机变量 $X \sim U[-a,a](a>0)$，$P(X>1)=\frac{1}{3}$，则 $a=$______.

15. 设 $X \sim N(a,\sigma^2)$，则 $Y=\frac{X-3}{2}$ 服从的分布为_________.

二、选择题

1. 设函数 $H(x)=\begin{cases}0, & x<0,\\ \frac{x}{2}, & 0\leqslant x<1,\\ 1, & x\geqslant 1,\end{cases}$ 则 $H(x)$ 是 (　　).

(A) 连续型随机变量的分布函数　　(B) 离散型随机变量的分布函数

(C) 连续型随机变量的概率密度函数　　(D) 离散型随机变量的概率密度函数

2. 下述函数中，可以作为某一随机变量的分布函数的是 (　　).

(A) $F(x)=\frac{1}{1+x^2}$　　(B) $F(x)=\frac{1}{\pi}\arctan x+\frac{1}{2}$

(C) $F(x)=\begin{cases}\frac{1}{2}(1-\mathrm{e}^{-x}), & x>0,\\ 0, & x\leqslant 0\end{cases}$　　(D) $F(x)=\int_{-\infty}^{x}f(t)\mathrm{d}t$, 其中 $\int_{-\infty}^{+\infty}f(t)\mathrm{d}t=1$

3. 如下 4 个函数，能作为随机变量 X 的概率密度函数的是 (　　).

(A) $f(x)=\begin{cases}2x, & 0<x<2,\\ 0, & 其他\end{cases}$　　(B) $f(x)=\begin{cases}\frac{2}{\pi(x^2+1)}, & x>0,\\ 0, & 其他\end{cases}$

(C) $f(x)=\mathrm{e}^{|x|},x\in\mathbb{R}$　　(D) $f(x)=\begin{cases}\mathrm{e}^{-2x}, & x>0,\\ 0, & x\leqslant 0\end{cases}$

4. $F_1(x),F_2(x)$ 都是分布函数，为使 $C_1F_1(x)-C_2F_2(x)$ 是分布函数，C_1,C_2 应取 (　　).

(A) $C_1=2/3,\ C_2=1/3$　　(B) $C_1=2/10,\ C_2=5/10$

(C) $C_1=2/3,\ C_2=-1/3$　　(D) $C_1=3/2,\ C_2=-1/2$

5. 设 X 的概率密度函数为 $f(x)$，分布函数为 $F(x)$，且 $f(x)=f(-x)$，那么对任意给定的 a 都有 (　　).

(A) $f(-a)=1-\int_0^a f(x)\mathrm{d}x$　　(B) $F(-a)=\dfrac{1}{2}-\int_0^a f(x)\mathrm{d}x$

(C) $F(a)=F(-a)$　　(D) $F(-a)=2F(a)-1$

6. 已知随机变量 X 的分布律如下表，则 $F(2.7)=$ (　　).

X	1	2	3
p	0.2	0.3	0.5

(A) 0.2　　(B) 0.5　　(C) 0.3　　(D) 0.8

7. 设随机变量 X 服从 $\lambda=2$ 的指数分布，则方程 $t^2+Xt+1=0$ 无实根的概率为 (　　).

(A) $\dfrac{1-\mathrm{e}^{-4}}{2}$　　(B) $1-\mathrm{e}^{-4}$　　(C) e^{-4}　　(D) $\dfrac{\mathrm{e}^{4}-\mathrm{e}^{-4}}{2}$

8. 设连续型随机变量 X 的概率密度曲线如下图，则 $P(-2<X<2)=$ (　　).

(A) 11/12　　(B) 5/6　　(C) 3/4　　(D) 1/6

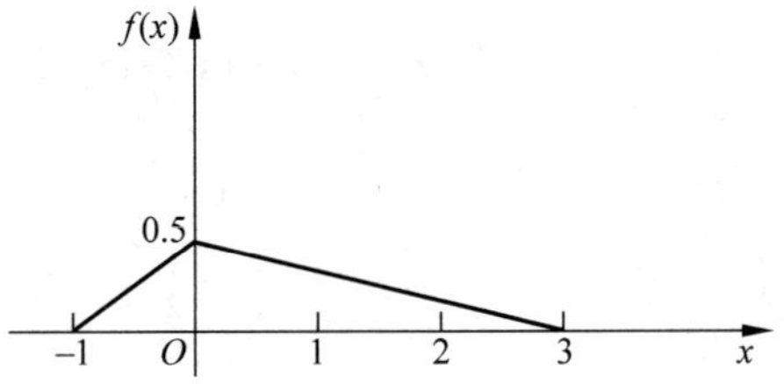

9. 设连续型随机变量 $X\sim N(\mu,\sigma^2)$，其概率密度函数为 $f(x)=\dfrac{1}{\sqrt{6\pi}}\mathrm{e}^{\frac{4x-x^2-4}{6}}\ (-\infty<x<+\infty)$，则 μ,σ^2 分别为 (　　).

(A) 2,2　　(B) 2,3　　(C) 1,3　　(D) 1,4

10. 设连续型随机变量 X 的概率密度函数为 $f(x)=\begin{cases}\dfrac{1}{2x}, & 1\leqslant x\leqslant b,\\ 0, & \text{其他},\end{cases}$ 则常数 $b=$ (　　).

(A) e　　(B) e^2　　(C) $\sqrt{\mathrm{e}}$　　(D) e^{-2}

11. 设随机变量 X 的概率密度函数 $f(x)=\dfrac{k}{1+x^2}(-\infty<x<+\infty)$，则 k 的值是 (　　).

(A) $\dfrac{1}{\pi}$　　(B) $\dfrac{2}{\pi}$　　(C) $\dfrac{1}{\sqrt{\pi}}$　　(D) $\dfrac{2}{\sqrt{\pi}}$

12. 设随机变量 X 的分布函数为 $F_X(x)$，则 $Y=\dfrac{X+4}{2}$ 的分布函数 $F_Y(y)$ 为 (　　).

(A) $F_X\left(\dfrac{1}{2}y\right)+2$　　(B) $F_X\left(\dfrac{1}{2}y+2\right)$

(C) $F_X(2y)-4$　　(D) $F_X(2y-4)$

13. 已知随机变量 X 的概率密度函数为 $f(x)=\begin{cases} ax+b, & 0\leqslant x\leqslant 1, \\ 0, & 其他, \end{cases}$ 且 $P(X>0.5)=5/8$，则 a,b 为 (　　).

(A) 1,–1/2　　(B) –1,1/2　　(C) 1,1/2　　(D) –1,–1/2

14. 设随机变量 X 的概率密度函数为 $f(x)=\begin{cases} \dfrac{1}{3}, & 3<x<6, \\ 0, & 其他, \end{cases}$ 则 $P(3<X\leqslant 4)=$ (　　).

(A) $P(1<X\leqslant 2)$　　(B) $P(4<X\leqslant 5)$

(C) $P(3<X\leqslant 5)$　　(D) $P(2<X\leqslant 7)$

15. 设随机变量 X 服从泊松分布，且已知 $P(X=1)=P(X=2)$，则 $P(X=3)=$ (　　).

(A) $\dfrac{e^{-1}}{3}$　　(B) $\dfrac{e^{-2}}{3}$　　(C) $\dfrac{2e^{-2}}{3}$　　(D) $\dfrac{4e^{-2}}{3}$

三、判断题

1. 设 $f(x)$ 为连续型随机变量 X 的概率密度函数，则 $\lim\limits_{x\to+\infty} f(x)=1$.　　(　　)

2. 设 $F(x)$ 为随机变量 X 的分布函数，若 $b>a$，则 $F(a)\leqslant F(b)$.　　(　　)

3. 设 $X\sim N(\mu,\sigma^2)$，那么当 μ，σ 都增大时，$P(|X-\mu|<\sigma)$ 不变.　　(　　)

4. 若 $f(x)$ 和 $F(x)$ 分别是连续型随机变量 X 的概率密度函数和分布函数，则 $F(x)=\int_{-\infty}^{+\infty} f(x)\mathrm{d}x$.　　(　　)

5. 若 $f(x)$ 和 $g(x)$ 为概率密度函数，则 $f(x)\ g(x)$ 仍然为概率密度函数.　　(　　)

四、计算题

1. 设随机变量 X 的分布列为

-2	-1	0	1	2
$(a-1)/8$	$(a+1)/8$	0.1	0.2	0.2

求：(1) 常数 a；(2) $P(-1<X<2)$.

2. 两封信投到 3 个邮箱中. 求：(1) 第一个邮箱中信的数量 X 的分布律；(2) X 的分布函数并画图.

3. 设有一批产品，其中 9 个合格品，3 个次品，今逐个取出使用，直到取到合格品为止. 求：(1) 在取到合格品以前已取出次数 X 的分布列；(2) X 的分布函数；(3) $P(X>-1)$，$P(1\leqslant X<3)$.

4. 若连续型随机变量 X 的分布函数为 $F(x)=\begin{cases} A+B\mathrm{e}^{-x\lambda}, & x\geqslant 0, \\ 0, & x<0 \end{cases}$ $(\lambda>0)$, 求：(1) 常数 A,B；(2) 概率密度函数 $f(x)$；(3) $P(X<2),P(x>3)$.

5. 随机变量 X 的概率密度函数为 $f(x)=\begin{cases} Ax^2, & -1\leqslant x\leqslant 2, \\ 0, & \text{其他}, \end{cases}$ 求：(1) 常数 A；(2) 概率 $P(1<X<3)$；(3) X 的分布函数,并画出图形.

6. 设连续型随机变量 X 的概率密度函数为 $f(x)=\begin{cases} \lambda\mathrm{e}^{-3x}, & x\geqslant 0, \\ 0, & x<0, \end{cases}$ 求：(1) 常数 λ；(2) X 的分布函数；(3) 概率 $P(1<X<2)$.

7. 设连续型随机变量 X 的概率密度函数为 $f(x)=A\mathrm{e}^{-|x|}(-\infty<x<\infty)$，求：(1) 系数 A；(2) $P(0<X<1)$；(3) 分布函数 $F(x)$.

8. 设连续型随机变量 $X\sim U[-1,2]$，求 $Y=|2X|$ 的概率密度函数.

9. 设连续型随机变量 X 的概率密度函数为 $f(x)=\begin{cases}\dfrac{1}{2}x, & 0\leqslant x\leqslant 2;\\ 0, & \text{其他}.\end{cases}$

求：(1) $P(|2X-1|<2)$；(2) $Y=X^2$ 的概率密度函数 $\varphi_Y(y)$.

五、应用题

1. 司机通过某高速路收费站等候的时间 X (单位：min) 服从参数为 $\lambda=\frac{1}{5}$ 的指数分布.

(1) 求某司机在此收费站等候时间超过 10 min 的概率；

(2) 若该司机一个月要经过此收费站两次，用 Y 表示等候时间超过 10 min 的次数，写出 Y 的分布律，并求 $P(Y\geqslant 1)$.

2. 某人乘汽车去火车站乘火车，有两条路可走. 第一条路程较短但交通拥挤，所需时间 X 服从 $N(40,10^2)$ ；第二条路程较长，但阻塞少，所需时间 Y 服从 $N(50,4^2)$.

(1) 若动身时离火车开车只有 1 h，问走哪条路能乘上火车的把握大些？

(2) 若离火车开车时间只有 45 min，问走哪条路赶上火车把握大些？

第 7 章　二维随机变量及其分布

一、填空题

1. 随机点 (X,Y) 落在矩形域 $D=\{(X,Y)\mid X\leqslant x_1,Y\leqslant y_1\}$ 的概率用联合分布函数 $F(x,y)$ 表示为________.

2. 设二维随机变量 (X,Y) 的联合分布函数为 $F(x,y)$，则 $F(x,-\infty)=$______，$F(+\infty,y)=$______，$F(-\infty,-\infty)=$______，$F(+\infty,+\infty)=$______.

3. 设 $f(x,y)$ 是二维随机变量 (X,Y) 的联合概率密度函数，$f_X(x)$，$f_Y(y)$ 分别是 X,Y 的边缘密度函数，则 $f_X(x)=$____________，$f_Y(y)=$____________. (用 $f(x,y)$ 表示)

4. 设二维连续型随机变量 (X,Y) 的联合分布函数和联合概率密度函数分别为 $F(x,y)$ 和 $f(x,y)$，则 $F(x,y)=$______________，$f(x,y)=$____________. (二者相互表示)

5. 设二维随机变量 (X,Y) 的联合分布函数为 $F(x,y)$，X,Y 的边缘分布函数为 $F_X(x)$，$F_Y(y)$，且 X 与 Y 相互独立，则 $F(x,y)=$______________.

6. 若二维连续型随机变量 (X,Y) 的联合概率密度函数为 $f(x,y)$，区域 $D=\{(X,Y)\mid a\leqslant X\leqslant b,c\leqslant Y\leqslant d\}$，则 (X,Y) 落在区域 D 上的概率 $P((X,Y)\in D)=$____________________.

7. 设随机变量 X 与 Y 相互独立，且分别具有下列分布律：

X	-2	-1	$1/2$
p_k	$\frac{1}{4}$	$\frac{1}{6}$	$\frac{7}{12}$

Y	-1	1	2
p_k	$\frac{1}{2}$	$\frac{1}{4}$	$\frac{1}{4}$

则 (X,Y) 的联合分布律为____________.

8. 设二维离散型随机变量 (X,Y) 的联合分布律为

X \ Y	3	4	6
1	0.08	0.3	α
2	β	0.3	0.15

则当 $\alpha=$______，$\beta=$______时，X 与 Y 相互独立.

9. 箱子里有 6 个球，其中 4 个红球，2 个白球，在其中无放回地抽取两次，每次取一只，记 0 表示抽取到红球，1 表示抽取到白球，X与Y分别表示第一、二次抽取的结果，则抽取结果(X,Y)的联合分布律为________________，X 的边缘分布律为____________，Y的边缘分布律为____________.

10. 盒子中装有 3 只黑球，2 只白球，在其中任取两只，用X表示取得黑球的只数，用Y表示取得白球的只数，则(X,Y)的联合分布律为________.

11. 设二维离散型随机变量(X,Y)取值为(0,0)，(−2,1)，(2,1)，(2,3)，且相应的概率依次为$\frac{1}{6},\frac{1}{3},\frac{1}{12}$，$k$，其余取值的概率均为 0，则$k=$________.

12. 设随机变量X与Y相互独立，$X\sim N(0,3)$，$Y\sim N(0,5)$，则(X,Y)的联合概率密度函数$f(x,y)=$__________.

13. 设二维随机变量(X,Y)服从区域$D=\{(X,Y)|1\leqslant X^2+Y^2\leqslant 9\}$上的均匀分布，则$(X,Y)$的联合概率密度函数$f(x,y)=$__________.

14. 设随机变量X与Y相互独立，X服从参数为 2 的指数分布，Y服从参数为 5 的指数分布，则(X,Y)的联合概率密度函数$f(x,y)=$__________.

15. 设二维离散型随机变量(X,Y)的联合分布律为

X \ Y	−2	0	2
3	0.25	0.1	0.3
4	0.15	0.05	0.15

则$P(3\leqslant X\leqslant 4,-2<Y<1)=$__________，$W=X+Y$的分布律为____________.

二、选择题

1. 关于二维随机变量(X,Y)的联合分布函数$F(x,y)$，下列说法正确的是(　　).

(A) $F(-\infty,-\infty)=\frac{1}{2}$　　(B) $F(+\infty,+\infty)=1$

(B) $F(x,-\infty)=F_X(x)$　　(D) $F(-\infty,y)=F_Y(y)$

2. 关于二维连续型随机变量(X,Y)的联合概率密度函数$f(x,y)$的性质，下列说法错误的是(　　).

(A) $f(x,y)\geqslant 0$　　(B) $\int_{-\infty}^{+\infty}\int_{-\infty}^{+\infty}f(x,y)\mathrm{d}x\mathrm{d}y\neq 1$

(C) $P((X,Y)\in D)=\iint\limits_D f(x,y)\mathrm{d}x\mathrm{d}y$　　(D) $\frac{\partial^2 F(x,y)}{\partial x\partial y}=f(x,y)$

3. 设二维离散型随机变量 (X,Y) 取值 $(-1,0),(0,1),(3,0),(3,1)$ 的概率依次为 $\frac{1}{3k},\frac{1}{2k},\frac{1}{4k},\frac{5}{4k}$，其余取值的概率均为 0，则 $k=($　　$)$.

(A) $\frac{7}{3}$　　(B) $\frac{3}{7}$　　(C) $\frac{5}{7}$　　(D) $\frac{5}{3}$

4. 已知二维随机变量 (X,Y) 的联合分布律为

$X \backslash Y$	0	1
1	1/6	1/3
2	1/6	1/3

则下列说法正确的是（　　）.

(A)

X	1	2
p_k	$\frac{1}{3}$	$\frac{2}{3}$

(B)

Y	0	1
p_k	$\frac{1}{2}$	$\frac{1}{2}$

(C) X 与 Y 相互独立　　(D) X 与 Y 不相互独立

5. 设二维离散型随机变量 (X,Y) 的联合分布律为

$X \backslash Y$	1	2	3
1	$\frac{1}{6}$	$\frac{1}{9}$	$\frac{1}{18}$
2	$\frac{1}{3}$	α	β

则当 $\alpha=$______，$\beta=$______时，X 与 Y 相互独立.

(A) $\frac{2}{9},\frac{2}{9}$　　(B) $\frac{1}{3},\frac{2}{9}$　　(C) $\frac{1}{9},\frac{1}{9}$　　(D) $\frac{2}{9},\frac{1}{9}$

6. 箱子里有 10 个开关，其中 3 个次品，有放回地抽取两次，每次取一只，记 1 表示抽取到正品，0 表示抽取到次品，用 X 与 Y 分别表示第一、二次抽取的结果，则抽取结果 (X,Y) 的联合分布律为（　　）.

(A)

$X \backslash Y$	0	1
0	0.09	0.21
1	0.21	0.49

(B)

$X \backslash Y$	0	1
0	0.49	0.21
1	0.21	0.09

(C)

X \ Y	0	1
0	0.09	0.12
1	0.30	0.49

(D)

X \ Y	0	1
0	0.18	0.12
1	0.30	0.40

7. 若两个一维随机变量 X 与 Y 相互独立，X 与 Y 的边缘分布律分别为

X	1	2
p_k	0.2	0.8

Y	3	6
p_k	0.3	0.7

则 (X,Y) 的联合分布律为 (　　).

(A)

X \ Y	3	6
1	0.09	0.20
2	0.22	0.49

(B)

X \ Y	3	6
1	0.49	0.17
2	0.25	0.09

(C)

X \ Y	3	6
1	0.06	0.14
2	0.24	0.56

(D)

X \ Y	3	6
1	0.19	0.12
2	0.30	0.39

8. 已知二维随机变量 (X,Y) 的联合分布函数为

$$F(x,y)=\begin{cases}1-4^{-x}-4^{-y}+4^{-(x+y)}, & x>0,y>0,\\ 0, & \text{其他},\end{cases}$$

则联合概率密度函数为 (　　).

(A) $f(x,y)=\begin{cases}4^{-(x+y)}\cdot(\ln 4)^2, & x>0,y>0,\\ 0, & \text{其他}\end{cases}$　　(B) $f(x,y)=\begin{cases}4^{-(x+y)}\cdot\ln 4, & x>0,y>0,\\ 0, & \text{其他}\end{cases}$

(C) $f(x,y)=\begin{cases}4^{-(x+y)}, & x>0,y>0,\\ 0, & \text{其他}\end{cases}$　　(D) $f(x,y)=\begin{cases}4^{-(x+y)}/(\ln 4)^2, & x>0,y>0,\\ 0, & \text{其他}\end{cases}$

9. 设二维连续型随机变量 (X,Y) 的联合概率密度函数为 $f(x,y)$，则 (　　).

(A) $F(x,y)=\int_{-\infty}^{x}\int_{-\infty}^{y}f(u,v)\mathrm{d}u\mathrm{d}v$　　(B) $F(x,y)=\int_{0}^{x}\int_{0}^{y}f(u,v)\mathrm{d}u\mathrm{d}v$

(C) $P(X\leqslant b,Y\geqslant c)=\int_{-\infty}^{b}\int_{-\infty}^{c}f(u,v)\mathrm{d}u\mathrm{d}v$　　(D) $P(X\leqslant b,Y\geqslant c)=\int_{0}^{b}\int_{0}^{c}f(u,v)\mathrm{d}u\mathrm{d}v$

10. 设二维随机变量 (X,Y) 的联合分布函数为 $F(x,y)$，则概率 $P(1\leqslant X\leqslant 2,Y\leqslant 3)$ 用 $F(x,y)$ 表示为（　　）.

(A) $F(3,2)+F(3,1)$　　(B) $F(3,2)-F(3,1)$

(C) $F(2,3)+F(1,3)$　　(D) $F(2,3)-F(1,3)$

11. 设随机变量 X 与 Y 相互独立，且 X,Y 的边缘分布函数分别为

$$F_X(x)=\begin{cases}1-e^{-x}, & x>0,\\ 0, & x\leqslant 0,\end{cases}\quad F_Y(y)=\begin{cases}1-e^{-2y}, & y>0,\\ 0, & y\leqslant 0,\end{cases}$$

则 (X,Y) 的联合分布函数为（　　）.

(A) $F(x,y)=\begin{cases}1-e^{-2x}-e^{-y}+e^{-(2x+y)}, & x>0,y>0,\\ 0, & \text{其他}\end{cases}$

(B) $F(x,y)=\begin{cases}1-e^{-(2x+y)}, & x>0,y>0,\\ 0, & \text{其他}\end{cases}$

(C) $F(x,y)=\begin{cases}1-e^{-x}-e^{-2y}+e^{-(x+2y)}, & x>0,y>0,\\ 0, & \text{其他}\end{cases}$

(D) $F(x,y)=\begin{cases}1+e^{-x}+e^{-2y}-e^{-(x+2y)}, & x>0,y>0,\\ 0, & \text{其他}\end{cases}$

12. 二维连续型随机变量 (X,Y) 服从区域 $D=\{(X,Y)\mid X^2+Y^2\leqslant 9\}$ 上的均匀分布，则 (X,Y) 的联合概率密度函数为（　　）.

(A) $f(x,y)=\begin{cases}\dfrac{1}{9}, & (x,y)\in D,\\ 0, & \text{其他}\end{cases}$　　(B) $f(x,y)=\begin{cases}\dfrac{1}{9\pi}, & (x,y)\in D,\\ 0, & \text{其他}\end{cases}$

(C) $f(x,y)=\begin{cases}\dfrac{1}{3}, & (x,y)\in D,\\ 0, & \text{其他}\end{cases}$　　(D) $f(x,y)=\begin{cases}\dfrac{1}{9\pi^2}, & (x,y)\in D,\\ 0, & \text{其他}\end{cases}$

13. 设二维连续型随机变量 (X,Y) 服从区域 $D=\{(X,Y)\mid 0\leqslant X\leqslant 2,0\leqslant Y\leqslant 2\}$ 上的均匀分布，若 $0<a<2<b$，则 $P(a<X<b,a<Y<b)=$（　　）.

(A) $\dfrac{1}{4}(b-a)^2$　　(B) $\dfrac{1}{4}(4-a^2)$　　(C) $\dfrac{1}{4}(2-a)^2$　　(D) $\dfrac{1}{4}$

14. 设二维连续型随机变量 (X,Y) 的联合概率密度函数为

$$f(x,y)=\begin{cases}4xy, & 0<x<1,0<y<1,\\ 0, & \text{其他},\end{cases}$$

则 $P\left(\frac{X}{2} \leqslant Y \leqslant X\right) = (\quad)$.

(A) $\int_0^1 dx\int_x^{2x} 4xydy$　(B) $\int_0^1 dx\int_{\frac{x}{2}}^{x} 4xydy$　(C) $\int_0^1 dx\int_{\frac{1}{2}}^{1} 4xydy$　(D) $\int_0^1 dx\int_0^{\frac{1}{2}} 4xydy$

15. 设 (X,Y) 是二维连续型随机变量，且 X 与 Y 相互独立，$Z_1 = X+Y$，$Z_2 = X-Y$，$Z_3 = \max\{X,Y\}$，$Z_4 = \min\{X,Y\}$，下列说法错误的是 $(\quad)$.

(A) Z_1 的概率密度函数为 $f_{Z_1}(z) = \int_{-\infty}^{+\infty} f_X(z-y) f_Y(y) dy, -\infty < z < +\infty$

(B) Z_2 的概率密度函数为 $f_{Z_2}(z) = \int_{-\infty}^{+\infty} f_X(y+z) f_Y(y) dy, -\infty < z < +\infty$

(C) Z_3 的分布函数为 $F_{Z_3}(z) = F_X(z) F_Y(z)$

(D) Z_4 的分布函数为 $F_{Z_4}(z) = [1-F_X(z)][1-F_Y(z)]$

三、判断题

1. 二维随机变量的联合分布函数 $F(x,y)$ 的取值范围是 $[0,+\infty)$.　(　　)
2. 二维连续型随机变量的联合概率密度函数 $f(x,y)$ 一定是非负的.　(　　)
3. 二维连续型随机变量的联合概率密度函数 $f(x,y)$ 是两个边缘密度函数的乘积.　(　　)
4. 由二维离散型随机变量的联合分布律，一定能求出每一随机变量的边缘分布律.　(　　)
5. 二维标准正态分布的联合概率密度函数为 $\varphi(x,y) = \frac{1}{2\pi} e^{-\frac{x^2+y^2}{2}}, -\infty < x, y < +\infty$.　(　　)

四、计算题

1. 已知二维随机变量 (X,Y) 的联合分布函数为

$$F(x,y) = \begin{cases} 1-e^{-x}-e^{-y}+e^{-(x+y)}, & x>0, y>0, \\ 0, & \text{其他}. \end{cases}$$

(1) 求 $F_X(x)$，$F_Y(y)$；(2) 判断 X 与 Y 是否相互独立；(3) 求 $P(X \leqslant 1, Y \leqslant 2)$.

2. 二维随机变量 (X,Y) 取下列数值中的值：$(-2,2),(-2,4),(0,1),(3,4)$，且相应的概率依次为 $\frac{1}{8},\frac{3}{8},\frac{1}{12},\frac{5}{12}$，其余取值的概率均为 0. (1) 求 (X,Y) 的联合分布律；(2) 求 X 与 Y 的边缘分布律；(3) 判断 X 与 Y 是否相互独立.

3. 两个球投入编号为 1，2，3 的三个箱子中，设 X 为投入 1 号箱子的球数，Y 为投入 2 号箱子的球数. (1) 求 (X,Y) 的联合分布律；(2) 求 X 与 Y 的边缘分布律；(3) 判断 X 与 Y 是否相互独立.

4. 一批产品中，一、二、三等品分别占 $\frac{1}{2},\frac{1}{4},\frac{1}{4}$，从中每次取 1 件产品，有放回地抽取两次. (1) 求抽得的两件产品中一等品 X 与二等品 Y 的联合分布律；(2) 求 X 与 Y 的边缘分布律；(3) 判断 X 与 Y 是否相互独立.

5. 随机变量 X 等可能地在 1，2，3 中取值，Y 等可能地在 1 至 X 中取值. (1) 列出 (X,Y) 的联合分布律；(2) 写出 X 与 Y 的边缘分布律；(3) 判断 X 与 Y 是否相互独立.

6. 设随机变量 (X,Y) 的联合概率密度函数为 $f(x,y)=\begin{cases} k\mathrm{e}^{-(2x+4y)}, & x>0, y>0, \\ 0, & \text{其他}. \end{cases}$

求：(1) 系数 k；(2) 联合分布函数 $F(x,y)$；(3) $P(X\leqslant 1, Y\leqslant 2)$.

7. 设随机变量 (X,Y) 的联合概率密度函数为 $f(x,y)=\begin{cases} 6\mathrm{e}^{-(2x+3y)}, & x>0, y>0, \\ 0, & \text{其他}. \end{cases}$

(1) 求 X 与 Y 的边缘密度函数；(2) 判断 X 与 Y 是否相互独立；(3) 求 $P(1\leqslant X\leqslant 2, 3\leqslant Y\leqslant 4)$.

8. 设随机变量 X 与 Y 相互独立，其概率密度函数分别为

$$f_X(x)=\begin{cases}\dfrac{1}{2}\mathrm{e}^{-\frac{1}{2}x}, & x\geqslant 0,\\ 0, & x<0,\end{cases}\qquad f_Y(y)=\begin{cases}\dfrac{1}{3}\mathrm{e}^{-\frac{1}{3}y}, & y\geqslant 0,\\ 0, & y<0,\end{cases}$$

求：(1) (X,Y) 的联合概率密度函数；(2) (X,Y) 的联合分布函数.

9. 设随机变量 X 与 Y 相互独立，分别服从区间[0,1]上的均匀分布，求：(1) (X,Y) 的联合概率密度函数 $f(x,y)$；(2) 方程 $t^2+Xt+Y=0$ 有实根的概率.

10. 某种商品一周的需求量是一个随机变量，其概率密度函数为 $f(t)=\begin{cases}t\mathrm{e}^{-t}, & t>0,\\ 0, & t\leqslant 0.\end{cases}$ 每周的需求量是相互独立的，求两周需求量的联合概率密度函数.

第 8 章　随机变量的数字特征

一、填空题

1. 已知 $E(X)=-1, D(X)=2$，则 $E[4(X^2-2)]=$______________.

2. 袋中有 6 个红球，4 个黄球，任意取出一个球，记住颜色后再放入袋中，一共进行 4 次，设 X 为红球出现的次数，则 $E(X)=$________.

3. 设随机变量 $X \sim N(\mu, 2^2)$，$Y=\dfrac{X-\mu}{2}$，则 $D(Y)=$________.

4. 设随机变量 X_1, X_2, X_3 相互独立，其中 X_1 在 $[0,6]$ 上服从均匀分布，X_2 服从正态分布 $N(0,2^2)$，X_3 服从参数为 $\lambda=3$ 的泊松分布，记 $Y=X_1-2X_2+3X_3$，则 $D(Y)=$______.

5. 设随机变量 X 服从二项分布 $B(n,p)$，$E(X)=6$，$D(X)=2.4$，则 $p=$________.

*6. 设随机变量 X,Y 满足 $D(X)=25$，$D(Y)=36$，$\rho_{XY}=0.6$，则 $D(X-Y)=$_________.

7. 已知随机变量 X 服从参数为 2 的泊松分布，则 $Y=3X-2$ 的数学期望 $E(Y)=$________.

8. 投掷 n 颗色子，出现的点数之和的数学期望等于__________.

9. 假设随机变量 X 在区间 $[-1,2]$ 上服从均匀分布，随机变量 $Y=\begin{cases}1, & X>0,\\ 0, & X=0,\\ -1, & X<0,\end{cases}$ 则 $D(Y)=$________.

*10. 设随机变量 X 的数学期望 $E(X)=100$，方差 $D(X)=10$，则由切比雪夫不等式可得 $P(80<X<120)\geqslant$________.

*11. 设 X 为随机变量，$E(X)=\mu$，$D(X)=\sigma^2$，则 $P(|X-\mu|<2\sigma^2)\geqslant$________.

12. 设从学校乘汽车到火车站的途中有 3 个交通岗，设在各交通岗遇到红灯的次数是相互独立的，其概率均为 $\dfrac{2}{5}$，试求途中遇到红灯次数的数学期望为________.

13. 设相互独立的两个随机变量 X,Y 具有同一分布，且 X 的概率分布为

X	0	1
p_k	$\dfrac{1}{2}$	$\dfrac{1}{2}$

则 $Z=\min(X,Y)$ 的数学期望为________，方差为________.

14. 设随机变量 X 的概率密度函数为 $f(x)=\begin{cases}1-|1-x|, & 0<x<2;\\ 0, & \text{其他}.\end{cases}$ 则 $E(X)=$________，$D(X)=$________.

*15. 设 $E(X)=2$，$E(Y)=2$，$D(X)=1$，$D(Y)=4$，$\rho_{XY}=\dfrac{1}{2}$，则根据切比雪夫不等式估计，有 $P(|X-Y|\geqslant 6)\leqslant$________.

二、判断题

1. 一维随机变量 X 的数学期望 $E(X)=\sum_{i=1}^{\infty}x_i p_i$.　（　）

2. 一维随机变量 X 的方差 $D(X)=\int_{-\infty}^{+\infty}x^2 f(x)\mathrm{d}x-[E(X)]^2$.　（　）

3. (X,Y) 为二维随机变量，则 $D(X\pm Y)=D(X)+D(Y)$.　（　）

*4. $\operatorname{cov}(X_1+X_2,Y)=\operatorname{cov}(X_1,Y)+\operatorname{cov}(X_2,Y)$.　（　）

*5. 对于二维正态分布，$\rho=0$ (即 X 与 Y 不相关)是 X 与 Y 相互独立的充分必要条件.　（　）

三、选择题

1. 设随机变量 X 服从参数为 λ 的泊松分布，则 $E(X^2)=$（　）.

(A) λ　(B) λ^2　(C) $\lambda^2+\lambda$　(D) $\lambda^2-\lambda$

2. 对于任意两个随机变量 X，Y，若 $E(XY)=E(X)E(Y)$，则（　）.

(A) $D(XY)=D(X)D(Y)$　(B) $D(X+Y)=D(X)+D(Y)$

(C) X 和 Y 独立　(D) X 和 Y 不独立

3. 设随机变量 X 和 Y 的方差存在且不等于 0，则 $D(X+Y)=D(X)+D(Y)$ 是 X 和 Y（　）.

(A) 不相关的充分条件，但不是必要条件

(B) 独立的必要条件，但不是充分条件

(C) 不相关的充分必要条件

(D) 独立的充分必要条件

4. 如果随机变量 X 和 Y 满足 $D(X+Y)=D(X-Y)$，则必有（　）.

(A) X 与 Y 相互独立　(B) X 与 Y 不相关

(C) $D(Y)=0$　(D) $D(X)D(Y)=0$

5. 设随机变量 $X \sim N(\mu,\sigma^2)$，且 $E(X)=3$，$D(X)=1$，则 $P(-1\leqslant X\leqslant 1)=$ (　　).

(A) $2\Phi(1)-1$　　(B) $\Phi(4)-\Phi(2)$　　(C) $\Phi(-4)-\Phi(-2)$　　(D) $\Phi(2)-\Phi(4)$

6. 若随机变量 X 的数学期望 $E(X)$ 存在，则 $E\{E[E(X)]\}$ 等于 (　　).

(A) 0　　(B) X　　(C) $E(X)$　　(D) $[E(X)]^3$

7. 设随机变量 X 的分布函数为 $F(x)=\begin{cases}0, & x<0,\\ x^3, & 0\leqslant x\leqslant 1,\\ 1, & x>1,\end{cases}$ 则 $E(X)=$ (　　).

(A) $\int_0^{+\infty} x^4\mathrm{d}x$　　(B) $\int_0^1 3x^3\mathrm{d}x$　　(C) $\int_0^1 x^4\mathrm{d}x+\int_1^{+\infty} x\mathrm{d}x$　　(D) $\int_0^{+\infty} 3x^3\mathrm{d}x$

8. 已知随机变量 X 服从 $[1,3]$ 上的均匀分布，则 $\dfrac{1}{X}$ 的数学期望为 (　　).

(A) $\dfrac{1}{2}$　　(B) 2　　(C) $\dfrac{1}{2}\ln 3$　　(D) $\ln 3$

9. 已知随机变量 X 的分布函数 $F(x)$ 在 $x=1$ 处连续，且 $F(1)=1$．记 $Y=\begin{cases}a, & X>1,\\ b, & X=1,\\ c, & X<1,\end{cases}$ $abc\neq 0$，则 Y 的数学期望 $E(Y)=$ (　　).

(A) $a+b+c$　　(B) a　　(C) b　　(D) c

10. 设 X 服从二项分布 $B(n,p)$，则有 (　　).

(A) $E(2X+1)=2np$　　(B) $D(2X+1)=4np(1-p)+1$

(C) $E(2X+1)=4np+1$　　(D) $D(2X+1)=4np(1-p)$

11. 设两个相互独立的随机变量 X 和 Y 的方差分别为 6 和 3，则 $D(2X-3Y)=$ (　　).

(A) 51　　(B) 21　　(C) -3　　(D) 36

12. 已知随机变量 X 服从二项分布 $B(n,p)$，且 $E(X)=2.4$，$D(X)=1.44$，则二项分布的参数 n,p 的值是 (　　).

(A) $n=4, p=0.6$　　(B) $n=6, p=0.4$

(C) $n=8, p=0.3$　　(D) $n=24, p=0.1$

13. 若 $X=X_1+X_2$，$X_i\sim N(0,1)$ $(i=1,2)$，则必有 (　　).

(A) $E(X)=0$　　(B) $D(X)=2$　　(C) $X\sim N(0,1)$　　(D) $X\sim N(0,2)$

*14. 设 X ，Y 为两个随机变量，$D(X)=4$ ，$D(Y)=9$ ，$\rho_{XY}=0.4$ ，则 $\operatorname{cov}(X,Y)=$ (　　).

(A) 2.4　　(B) 14.4　　(C) −2.4　　(D) −14.4

*15. 将一枚硬币重复掷 n 次，以 X 和 Y 分别表示正面向上和反面向上的次数，则 X 和 Y 的相关系数等于 (　　).

(A) −1　　(B) 0　　(C) $\dfrac{1}{2}$　　(D) 1

四、计算题

1. 设随机变量 X 的概率分布如下表所示：

X	−2	0	2
p	0.4	0.3	0.3

求：(1) $E(X)$；(2) $E(3X^2+5)$；(3) $D(X)$.

2. 设随机变量 X 服从参数为 1 的指数分布，试求 $E(X+\mathrm{e}^{-2X})$.

3. 设随机变量 X 的概率密度函数为 $f(x)=\begin{cases} x, & 0<x<1, \\ 2-x, & 1\leqslant x\leqslant 2, \\ 0, & \text{其他}. \end{cases}$

求数学期望 $E(X)$ 与方差 $D(X)$.

4. 一台设备由三大部件构成，在设备运转中各部件需要调整的概率相应为 0.10，0.20，0.30. 假设各部件的状态相互独立，以 X 表示同时需要调整的部件数，试求 X 的数学期望 $E(X)$ 与方差 $D(X)$.

5. 一商店的周进货量 X 与需求量 Y 相互独立，且均服从 $[10,20]$ 上的均匀分布，商店每售出一单位货物获利 1000 元，需求量超过进货量可由其他商店调剂，此时每单位获利 500 元，求利润期望.

6. 设随机变量 Z 在 $[-2,2]$ 上的服从均匀分布，$X=\begin{cases}-1, & Z\leqslant -1,\\ 1, & Z>-1,\end{cases}$ $Y=\begin{cases}-1, & Z\leqslant 1,\\ 1, & Z>1.\end{cases}$ 求：

(1) X 和 Y 的联合概率分布；(2) $D(X+Y)$.

7. 设二维随机变量(X,Y)在区域 $D=\{(x,y)\big|0<x<1,|y|<x\}$ 内服从均匀分布.

求：(1) X 的边缘概率密度函数$f_X(x)$；(2) $D(2X+1)$.

8. 一汽车沿一街道行驶，需要通过三个均设有红绿信号灯的路口，每个信号灯为红或绿与其他信号灯为红或绿相互独立，且红绿两种信号显示的时间相等，以X表示该汽车首次遇到红灯前已通过的路口的个数.求：(1) X 的概率分布；(2) $E\left(\dfrac{1}{1+X}\right)$.

9. 游客乘电梯从底层观光，电梯于每个整点的第 5 分钟，25 分钟和 55 分钟从底层运行，假设一游客在早八点的第X分钟到达底层候梯处，且X在$[0,60]$上服从均匀分布，求该游客等候时间Y的数学期望.

10. 已知随机变量 X 和 Y 的联合概率密度函数为 $f(x,y)=\begin{cases} e^{-(x+y)}, & x>0, y>0, \\ 0, & \text{其他}. \end{cases}$ 试求：

(1) $P(X<Y)$；(2) $E(XY)$.

*五、应用题

设生产线组装一件成品的时间服从指数分布，平均用时为 10min，各产品组装时间相互独立.

(1) 试求组装 100 件成品需要 15 ~ 20 h 的概率 p；

(2) 以 95%的概率在 16 h 之内最多可以组装多少件成品？

第 9 章　数 理 统 计

一、填空题

1. 若 (2.1，5.4，3.2，9.8，3.5) 是来自总体 X 的简单随机样本，则样本均值 $\overline{x}=$____________，样本方差 $s^2=$____________.

2. 若总体 X 的概率密度函数为 $p(x;\lambda)=\begin{cases}\lambda e^{-\lambda x}, & x>0,\\ 0, & x\leqslant 0,\end{cases}$ 其中 $X_1,X_2,\cdots,X_n$ 是来自总体 X 的简单随机样本，则 $X_1,X_2,\cdots,X_n$ 的联合概率密度函数为_________.

3. 在总体 $X\sim N(5,16)$ 中随机地抽取一个容量为 36 的样本，则样本均值 $\bar{X}$ 落在 4 与 6 之间的概率为 _________.

4. 若 $X_1,X_2,\cdots,X_n$ 是取自正态总体 $N(\mu,\sigma^2)$ 的样本，则 $\bar{X}=\frac{1}{n}\sum_{i=1}^{n}X_i$ 服从的分布为____________.

5. 设 $X_1,X_2,\cdots,X_7$ 为来自总体 $X\sim N(0,0.5^2)$ 的一个简单随机样本，则 $P\left(\sum_{i=1}^{7}X_i^2>4\right)=$ ____________.

6. 设 $X_1,X_2,\cdots,X_6$ 为总体 $X\sim N(0,1)$ 的一个样本，且 cY 服从 χ^2 分布，这里，$Y=(X_1+X_2+X_3)^2+(X_4+X_5+X_6)^2$，则 $c=$____________.

7. 设总体 $X\sim N(0,16)$，$Y\sim N(0,9)$，X,Y 相互独立，$X_1,X_2,\cdots,X_9$ 与 $Y_1,Y_2,\cdots,Y_{16}$ 分别为 X 与 Y 的简单随机样本，则 $\frac{X_1^2+X_2^2+\cdots+X_9^2}{Y_1^2+Y_2^2+\cdots+Y_{16}^2}$ 服从的分布为________.

8. 设总体 X 服从标准正态分布，而 $X_1,X_2,\cdots,X_{15}$ 是来自总体 X 的简单随机样本，则随机变量 $Y=\frac{2(X_{11}^2+X_{12}^2+\cdots+X_{15}^2)}{X_1^2+X_2^2+\cdots+X_{10}^2}$ 服从_________分布. (写出其参数)

9. 设总体服从泊松分布 $P(\lambda)$，现随机抽取一组样本，样本值为 2，2.5，3，则参数 λ 的矩估计值为____________，极大似然估计值为____________.

10. 假设对总体 X，有 $D(X)=\sigma^2$，$X_1,X_2,\cdots,X_{15}$ 为来自总体 X 的简单随机样本，$\bar{X}$ 为样本均值，则 $D(\bar{X})=$__________.

11. 设总体 X 的数学期望为 $E(X)=\mu$，从总体 X 中抽取的简单随机样本的样本均值为 $\bar{X}$，如果 $\bar{X}$ 是 μ 的无偏估计量，则 $E(\bar{X})=$ ___________.

12. 设对总体 X，有 $E(X)=\mu$，从总体 X 中抽取的简单随机样本的观测值分别为 2.5，3.0，3.9，4.1，5.0，5.5，则总体 X 的数学期望 μ 的无偏估计量为________.

13. 设总体 X 服从二项分布 $B(n,p)$，$0<p<1$，$X_1,X_2,\cdots,X_n$ 是总体 X 的一个样本，$\bar{X}=\frac{1}{n}\sum_{i=1}^{n}X_i$ 为样本均值，那么矩估计量 $\hat{p}=$___________.

14. 设 $X_1,X_2,\cdots,X_n$ 是来自总体 X 的一个样本，下面 3 个均值估计量中

$$\hat{\mu}_1=\frac{1}{5}X_1+\frac{3}{10}X_2+\frac{1}{2}X_3,\ \hat{\mu}_2=\frac{1}{3}X_1+\frac{1}{4}X_2+\frac{5}{12}X_3,\ \hat{\mu}_3=\frac{1}{3}X_1+\frac{3}{4}X_2-\frac{1}{12}X_3,$$

___________是总体均值的无偏估计，___________最有效.

15. 设一批产品的某一指标 $X\sim N(\mu,\sigma^2)$，从中随机抽取容量为 25 的样本，测得样本方差的观测值 $s^2=100$，则总体方差 σ^2 的置信水平为 0.95 的置信区间为___________.

二、选择题

1. 设 $X_1,X_2,\cdots,X_n$ 是取自正态总体 $N(\mu,\sigma^2)$ 的简单随机样本，其中 $\sigma^2=6$，μ 未知，则(　　)是一个统计量.

(A) $\sum_{i=1}^{n}(X_i-\mu)^2$　　(B) $\bar{X}-\mu$

(C) $(\bar{X}-\mu)^2+\sigma^2$　　(D) $\frac{1}{n}\sum_{i=1}^{n}X_i^2+\sigma^2$

2. 设 $X_1,X_2,\cdots,X_n$ 是取自正态总体 $N(\mu,\sigma^2)$ 的简单随机样本，其中 μ,σ^2 未知，则下面不是统计量的是(　　).

(A) $\sum_{i=1}^{n}X_i$　　(B) $\bar{X}=\frac{1}{n}\sum_{i=1}^{n}X_i$

(C) $S^2=\frac{1}{n-1}\sum_{i=1}^{n}(X_i-\bar{X})^2$　　(D) $\frac{1}{n}\sum_{i=1}^{n}X_i^2+\sigma^2$

3. 设总体 $X\sim N(1,2^2)$，X_1,X_2,X_3,X_4 为来自 X 的样本，则下面正确的是(　　).

(A) $\frac{\bar{X}-1}{2}\sim N(0,1)$　　(B) $\frac{\bar{X}-1}{4}\sim N(0,1)$

(C) $\frac{\bar{X}-1}{1}\sim N(0,1)$　　(D) $\frac{\bar{X}-1}{\sqrt{2}}\sim N(0,1)$

4. 设总体 $X\sim N(\mu,\sigma^2)$，$X_1,X_2,\cdots,X_n$ 为来自 X 的样本，记

$$S_1^2=\frac{1}{n-1}\sum_{i=1}^{n}(X_i-\bar{X})^2,\ S_2^2=\frac{1}{n}\sum_{i=1}^{n}(X_i-\bar{X})^2,\ S_3^2=\frac{1}{n-1}\sum_{i=1}^{n}(X_i-\mu)^2,\ S_4^2=\frac{1}{n}\sum_{i=1}^{n}(X_i-\mu)^2$$

则 (　　) $\sim t(n-1)$.

(A) $t=\dfrac{\bar{X}-\mu}{S_1/\sqrt{n-1}}$　　(B) $t=\dfrac{\bar{X}-\mu}{S_2/\sqrt{n-1}}$

(C) $t=\dfrac{\bar{X}-\mu}{S_3/\sqrt{n-1}}$　　(D) $t=\dfrac{\bar{X}-\mu}{S_4/\sqrt{n-1}}$

5. 设随机变量 $X\sim t(n)(n>1)$, $Y=\dfrac{1}{X^2}$，则 (　　).

(A) $Y\sim \chi^2(n)$　　(B) $Y\sim \chi^2(n-1)$　　(C) $Y\sim F(n,1)$　　(D) $Y\sim F(1,n)$

6. 设对总体 X，有 $E(X)=\mu$，$X_1,X_2,\cdots,X_n$ 为来自总体 X 的简单随机样本，$\bar{X}$ 为样本均值，则总体 X 的数学期望 μ 的矩估计量为 (　　).

(A) $\bar{X}/n$　　(B) $n\bar{X}$　　(C) $\bar{X}$　　(D) $\sum_{i=1}^{n}X_i$

7. 若总体 $X\sim N(\mu,\sigma^2)$，其中 σ^2 已知，当置信水平 $1-\alpha$ 保持不变时，如果样本容量 n 增大，则 μ 的置信区间 (　　).

(A) 长度变大　　(B) 长度变小

(C) 长度不变　　(D) 长度不一定不变

8. 设 $X_1,X_2,\cdots,X_n$ 是来自总体 X 的样本，σ^2 表示总体 X 的方差 (未知常数)，$\bar{X}$ 为样本均值，S^2 为样本方差，则样本均值差 S (　　).

(A) 是 σ 的无偏估计量　　(B) 是 σ 的极大似然估计量

(C) 是 σ 的相合估计量　　(D) 与样本均值 $\bar{X}$ 相互独立

9. 设正态总体 X 的标准差为 1，由来自总体 X 的样本容量为 25 的简单随机样本建立数学期望 μ 的 0.95 的置信区间，则置信区间的长度等于 (　　).

(A) 0.7840　　(B) 0.3290　　(C) 0.3920　　(D) 0.6936

10. 甲、乙是两个无偏估计量，如果甲估计量的方差小于乙估计量的方差，则称 (　　).

(A) 甲是充分估计量　　(B) 甲、乙一样有效

(C) 乙比甲有效　　(D) 甲比乙有效

11. 设容量为 16 人的简单随机样本，平均完成工作时间 13min，总体服从正态分布且标准差为 3min. 若想对完成工作所需时间构造一个 90%的置信区间，则 (　　).

(A) 应用标准正态概率表查出 z 值　　(B) 应用 t-分布表查出 t 值

(C) 应用二项分布表查出 p 值　　(D) 应用泊松分布表查出 λ 值

12. 参数估计的类型有 (　　).

(A) 点估计和无偏估计　　(B) 无偏估计和区间估计

(C) 点估计和有效估计　　(D) 点估计和区间估计

13. 根据某地区关于工人工资的样本资料估计出该地区的工人平均工资的 95%置信区间为 (3800，3900)，那么下列说法正确的是 (　　).

(A) 该地区平均工资有 95%的可能性落在该置信区间中

(B) 该地区平均工资只有 5%的可能性落在该置信区间之外

(C) 该置信区间有 95%的概率包含该地区的平均工资

(D) 该置信区间的误差不会超过 5%

14. 设 θ 是总体 X 的未知参数，$\hat{\theta}_1,\hat{\theta}_2$ 为统计量，$(\hat{\theta}_1,\hat{\theta}_2)$ 为 θ 的置信度为 $1-\alpha$ 的置信区间，则应有 (　　).

(A) $P\left\{\hat{\theta}_1<\theta<\hat{\theta}_2\right\}=\alpha$　　(B) $P\left\{\theta<\hat{\theta}_2\right\}=1-\alpha$

(C) $P\left\{\hat{\theta}_1<\theta<\hat{\theta}_2\right\}=1-\alpha$　　(D) $P\left\{\theta<\hat{\theta}_1\right\}=\alpha$

15. 在假设检验中，记 H_1 为备择假设，(　　) 为犯第二类错误.

(A) H_1 真，接受 H_1　　(B) H_1 不真，接受 H_1

(C) H_1 真，拒绝 H_1　　(D) H_1 不真，拒绝 H_1

三、判断题

1. 设 $X_1,X_2,\cdots,X_n$ 是来自于总体 X 的简单随机样本，则 $X_1,X_2,\cdots,X_n$ 必须满足分布相同而且相互独立.　　(　　)

2. 在假设检验中，记 H_0 为原假设，则犯第一类错误是 H_0 成立而拒绝 H_0.　　(　　)

3. 设 $\hat{\theta}$ 是参数 θ 的估计量，且 $E(\hat{\theta})=\theta$，则 $\hat{\theta}$ 是参数 θ 的无偏估计量.　　(　　)

4. 设 $\hat{\theta}_1,\hat{\theta}_2$ 是参数 θ 的无偏估计量，且 $D(\hat{\theta}_1)>D(\hat{\theta}_2)$，则 $\hat{\theta}_1$ 是比 $\hat{\theta}_2$ 更有效的无偏估计量.

(　　)

5. 设随机变量 X,Y 都服从标准正态分布，则 X^2+Y^2 一定服从 $\chi^2(2)$.　　(　　)

四、计算题

1. 设总体 X 的概率密度函数为 $f(x)=\begin{cases}|x|, & |x|<1,\\ 0, & 其他,\end{cases}$ $X_1,X_2,\cdots,X_{50}$ 为取自总体 X 的一个样本，求：(1) $E(\bar{X})$ 和 $D(\bar{X})$；(2) $P\{|\bar{X}|>0.02\}$.

2. 设($X_1,X_2,\cdots,X_{10}$)与($Y_1,Y_2,\cdots,Y_{20}$)是来自总体 $X\sim N(10,4^2)$ 和总体 $Y\sim N(10,4^2)$ 的两个独立简单随机样本，求 $|\bar{X}-\bar{Y}|\leqslant 0.5$ 的概率.

3. 设总体 X 的概率分布为

X	1	2	3
P	$(1-\theta)^2$	$2\theta(1-\theta)$	θ^2

其中参数 $\theta(0<\theta<1)$ 未知，现取得一组样本值为：$x_1=1,\ x_2=2,\ x_3=2,\ x_4=3$，求参数 θ 的矩估计值.

4. 某炸药厂一天中发生着火现象的次数 X 服从参数为 λ 的泊松分布，参数 $\lambda(\lambda>0)$ 未知，有以下样本值：

着火的次数 k	0	1	2	3	4	5	6
发生 k 次着火的天数 n_k	75	90	54	22	6	2	1

计算参数 λ 的矩估计值.

5. 求下列未知参数的矩估计：

(1) 设总体 X 服从参数为 λ 的泊松分布，其中参数 $\lambda(\lambda>0)$ 未知，现取得一组样本值为：$x_1=1,\ x_2=2,\ x_3=2,\ x_4=3$，求参数 λ 的矩估计值.

(2) 设总体 X 在区间 $[1,\theta]$ 上服从均匀分布，求参数 θ 的矩估计量.

6. 假设新生儿体重 $X\sim N(\mu,\sigma^2)$，现测得 10 名新生儿的体重为：3100，3480，2520，3700，2520，3200，2800，3800，3020，3260 (单位：g)，求：(1) 参数 μ 的矩估计量；(2) 参数 μ 的矩估计值.

7. 某地区年降雨量 $X \sim N(\mu,\sigma^2)$，现对其年降雨量连续进行 5 次观测，得数据为：587，672，701，640，650 (单位：mm)，求：(1) 参数 μ 的矩估计；(2) 参数 σ^2 的矩估计.

8. 设总体 X 的概率密度函数为 $f(x;\theta)=\begin{cases}(\theta+2)x^{\theta}, & 0<x<1,\\ 0, & \text{其他},\end{cases}$ 其中参数 $\theta(\theta>0)$ 未知，已知 $X_1,X_2,\cdots,X_n$ 为来自总体 X 的简单随机样本，求：(1) 参数 θ 的矩估计量 $\hat{\theta}$；(2) 参数 θ 的极大似然估计量 $\hat{\theta}$.

9. 设总体 X 的分布函数为 $F(x;\theta)=\begin{cases}0, & x\leqslant 0,\\ x^{\theta}, & 0<x<1,\\ 1, & x\geqslant 1,\end{cases}$ 其中参数 $\theta(\theta>0)$ 未知，已知 $X_1,X_2,\cdots,X_n$ 为来自总体 X 的简单随机样本，求：(1) 参数 θ 的矩估计量 $\hat{\theta}$；(2) 参数 θ 的极大似然估计量 $\hat{\theta}$.

10. 设总体 X 的分布函数为 $F(x;\lambda)=\begin{cases}1-\mathrm{e}^{-\lambda x}, & x>0,\\ 0, & 其他,\end{cases}$ 其中参数 $\lambda(\lambda>0)$ 未知，已知 $X_1,X_2,\cdots,X_n$ 为来自总体 X 的简单随机样本，求：(1) 参数 λ 的矩估计量 $\hat{\lambda}$；(2) 参数 λ 的极大似然估计量 $\hat{\lambda}$.

11. 某工厂生产 10Ω的电阻，根据以往生产电阻的实际情况，可以认为电阻值服从正态分布，标准差 $\sigma=0.1\,\Omega$. 现随机地抽取 10 个电阻，测得它们的电阻值为 (单位：Ω):

9.9，10.1，10.2，9.7，9.9，9.9，10.0，10.5，10.1，10.2 .

假定标准差不变，我们能否认为该厂生产的电阻的平均值为 10Ω?

($\alpha=0.1,\ U_{0.95}=1.65,\ \sqrt{10}=3.16$)

12. 已知某炼铁厂铁水含碳量 $X\sim N(\mu,\sigma^2)$，其中 $\mu=4.55,\ \sigma^2=0.108^2$. 现在测定了 9 炉铁水，其平均含碳量为 4.484，如果铁水含碳量的方差没有变化，可否认为现在生产的铁水平均含碳量仍为 4.55?（$\alpha=0.05,\ U_{0.975}=1.96$）

13. 根据以往的经验知道某厂生产的零件质量 $X \sim N(15, 0.05^2)$ (单位：g)，技术革新后，随机地抽取 6 个零件，测得它们的质量为

14.7，15.1，14.8，15.0，15.2，14.6.

已知方差不变，问平均质量是否仍为 15g？($\alpha = 0.05$, $U_{0.975} = 1.96$)

14. 某年级数学考试成绩服从正态分布，从中任取 36 名学生，其平均成绩为 65 分，标准差 $s = 15$ 分. 可否认为该年级全体学生的数学平均成绩为 70 分？

($\alpha = 0.05$, $t_{0.05}(35) = 2.0301$)

15. 某工厂生产铜丝，生产一向稳定，现从该厂产品中随机抽取 10 段检查其折断力，测量后计算得：$\bar{x} = 287.5$, $\sum_{i=1}^{10}(x_i - \bar{x})^2 = 160.5$. 假定铜丝的折断力服从正态分布，是否可以相信该厂生产的铜丝折断力的方差为 16？

($\alpha = 0.1$, $\chi^2_{0.95}(9) = 3.325$, $\chi^2_{0.05}(9) = 16.919$)

参 考 文 献

[1] 房宏，等. 线性代数及其应用[M]. 2 版. 北京：清华大学出版社，2016.

[2] 张海燕，等. 应用概率论与数理统计[M]. 2 版. 北京：清华大学出版社，2016.

[3] 同济大学数学系. 线性代数[M]. 6 版. 北京：高等教育出版社，2015.

[4] 杨萍，敬斌. 工程数学(上册)[M]. 西安：西安电子科技大学出版社，2015.

[5] 邓辉文. 线性代数学习指导与习题解答[M]. 北京：清华大学出版社，2008.

[6] 黄光谷，邓泽清，胡启旭，等. 线性代数学习指导与题解[M]. 武汉：华中科技大学出版社，2007.

[7] 盛骤，谢式千，潘承毅. 概率论与数理统计[M]. 北京：高等教育出版社，2008.

[8] 张天德. 概率论与数理统计辅导[M]. 北京：北京理工大学出版社，2014.

[9] 刘舒强，金明爱. 概率论与数理统计[M]. 北京：科学出版社，2011.

[10] 鲍兰平. 概率论与数理统计指导]M]. 北京：清华大学出版社，2004.